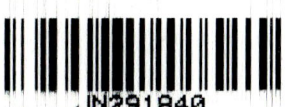

算数力

線分図式攻略法

算数塾
田 圭二郎

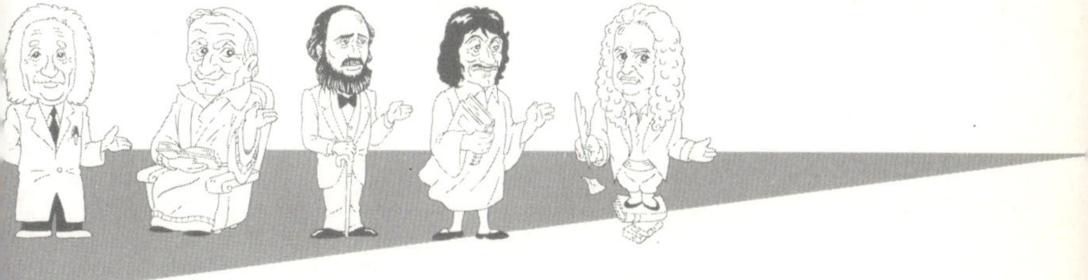

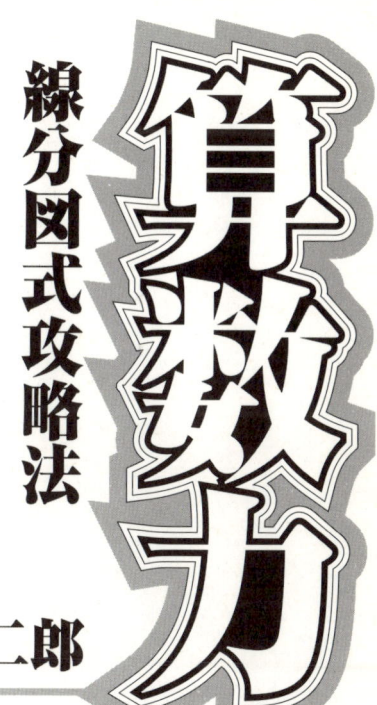

はしがき

日本人はいま、科学万能時代を生きていますが、記憶のメカニズムについては、未だに分からないことの方が多いようです。

だからというわけでもないでしょうが、日本人は〈丸暗記〉が好きなようで、〈解き方の基本を理解した上で記憶する〉スタイルは、あまり好まれていないようです。

短期間でいいから膨大な量を大急ぎで記憶せねばならない、という受験制度を乗り切るための手段の一つだと思えば、それもやむを得ないことかもしれません。

しかし、記憶のメカニズムを解明することもなく、短期間に大量に記憶すれば、短期間にほとんどを忘れてしまうことは当然のなりゆきです。

この最も顕著な例が、朝日・毎日・読売など一流マスコミが社説にまで報じている〈分数の解けない大学生〉の存在です。短期に大量に丸暗記することを強制する受験制度だからこそ、小学生の解く分数式が解けなくなる大学生を大量に生み出してしまうのです。

もっと恐ろしいことは、この風潮が〈学問は苦しいことであり、不愉快なものである〉という概念を、心の底に定着させてしまうことです。

最近「不景気の気は、気持ちしだいだ」などと、わけの分からないことを言う人もいるようですが、そこまで無理を言うつもりはありませんが、学問が本当に苦しくて不愉快なものだったら、分数など忘れて当然のことだし、学級や学校が崩壊するのは必然的な結果なのではないでしょうか。

現在の教育上の問題が、このような丸暗記方式にあることは疑いようもない事実ですが、残念ながら文部省をはじめとする有識者たちは、無意味な〈偏差値〉攻撃を繰り返すのみで、教育荒廃の原因である〈丸暗記方式〉の弊害には触れようともしていません。

だとするならば、今や国是となっている自己責任とやらで、庶民自身が〈学問の楽しさ〉や〈論理性の大切さ〉を、まず我が子を筆頭に、そして互いに伝え合うことが自己責任をまっとうすることになるのではないでしょうか。

そんなささやかな願いをこめて、「百聞は一見に如かず」という喩えをモットーに、〈線分図を見ればすぐ理解できる〉解法を本書でご紹介したいと思います。

折しも本書の執筆中、朝日新聞（2月28日・一面トップ）の伝えるところによれば、文部省の大学審議会特別委員会は新タイプの試験導入の検討を始めたようです。これからは〈①数字や言葉から法則性を見つける　②論理的な判断力を身につける〉基礎能力の養成を目指すそうです。
『算数力』の狙いと完全に一致したようで、皆様もぜひ、ご家族ともども、本書で文部省公認（？）の実力を高めて下さい。

2000年３月　　　　　　　　　　　　　　　　田　圭二郎

本書の構成と線分図の効用

前述の〈分数が解けない大学生〉という現象からは、二つの問題点が浮かび上がってきます。一つは言葉通り、技術上の問題であり、ど忘れということもあるので、大事件ではなさそうです。二つ目は、算数や数学の基本となる論理性を失い、さらには、算数、数学の基本概念を見失っている状態を指す場合です。

この基本概念や論理性をまとめた力を、〈算数の実力〉とか〈算数力〉といいます。ですから、この二つ目を失った大学生は、あらゆる場面で基本概念や論理性を疑われる立場に立ちやすくなるわけです。

本書『算数力』は、この二つの問題点を完全に解決するよう意図して構成されています。

(1) 線分図が、論理性や計算式を導き出している。
式を作る原則と技法が理解できる。

(2) 線分図が、全体観と基本概念を説明している。
図だからこそ、全体観や基本概念を一目で理解できる。

さらに、問題設定に当たり〈なぞなぞ・クイズ〉的手法を採用したため、楽しさや明るさが表現できていますので、楽しみながら問題を解いて下さい。

小・中学生の皆さんも聞いて!!

記憶と学習とは、切っても切れない関係があるんだ。〈丸暗記〉という言葉もあるが、それは内容を理解しないで、ただ暗記すること。

短期間に大量に記憶せねばならない受験を目前にした人たちには必要かもしれませんが、とくに算数・数学では〈丸暗記〉は〈百害あって一利なし〉なのだ。

算数を大きく分けると、計算を主にした分野と、図を主にした分野、そのほかにもいろいろなものが分類されている。それはそれなりに理由があって分けられたのだから、それぞれの項目には基本的に理解しなければならないことがある。その基本を理解しなければ、次の段階には進めないものなのです。

たとえば〈速さって何なのか〉とか〈割合って何なのか〉というように、〈理解しながら記憶していく〉方法を身につければ、難しい問題も解ける実力が自然に備わるものなのさ。

この『算数力』は、そういう目的を持って作られた〈実力養成〉のための基本書です。どうか、楽しみながら、論理的な考え方を、より高めて下さい。

偉大なる先達のメッセージ

算数力

目次 もくじ

CONTENTS

CONTENTS

1章

四則計算

アインシュタインも驚嘆!

もし私が「つるかめ算」を学んでいたら、東洋の神秘性にもっと魅せられただろう。

アインシュタイン
Albert Einstein（1879-1955）
相対性理論で質量とエネルギーの関係を示す。光電効果の法則によりノーベル物理学賞。核分裂の研究を提言する一方、核兵器反対運動の基礎を築く。

2本増えたらカメ号に進化

つるかめ算 ～UFO版～

問題

翔君はある日、たくさんのUFOを見ました。
そのUFOには［ツル号］と［カメ号］の2種類があって、［ツル号］1機にはアンテナが3本、［カメ号］1機にはアンテナが5本それぞれついていました。
翔君は一生懸命数えました。［ツル号］と［カメ号］は全部で12機飛んでいました。そして、アンテナも全部で46本ありました。
翔君のお父さんは、この話を聞いただけで、［ツル号］と［カメ号］それぞれの数が分かりました。
皆さんも解いてみて下さい。

翔「これだけの話で、どうしてすぐ分かっちゃうの?」

父「つるかめ算の解法には、表を作って解く方法もあるけれどそれは頭を使わない方法だからやめておいて、頭のトレーニングに役立つ方で解いてみようよ」

翔「ほんとは何も考えない方がいいんだけどナ〜」

父「でも、そんなに難しくはないんだよ」

妹「スポーツやる人でも、頭のいい人が勝つんだってよ」

〜まず12機全部が[ツル号]だと仮定する〜

父「つるかめ算では、まず全部がどちらか一方だったと考えることから始まるのさ」

翔「なんで〜?」

父「そうすると、アンテナの数が決まるだろ」

翔「どうしてさ」

妹「簡単じゃん!《3本×12機=36本》でしょ」

翔「それくらい僕だってできるよ」

父「ほほう！　それじゃ翔君が数えた本数と何本違うかな」

翔「《46本－36本＝10本》も違うんだから、こんな計算は間違いなんでしょ？」

父「全体の差は、1個の差から始まるんだよ」

妹「そうだよ　イッシッシ～」

翔「そう言われてもな～」

【アンテナの数～仮定の計算～全部つる号だったら】

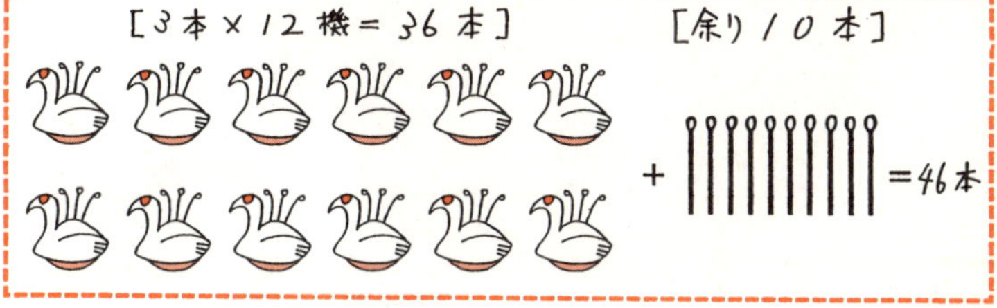

父「次に［ツル号1機］と［カメ号1機］のアンテナは3本と5本だから、差は《5本－3本＝2本》になるね」

妹「そうだ　そうだ」

翔「それくらい誰にでも分かるよ」

父「さあ　さっきの余ったアンテナ10本の中から2本だけ取り出して［ツル号］につけてごらん。［ツル号］に何かが起きるよ」

46本

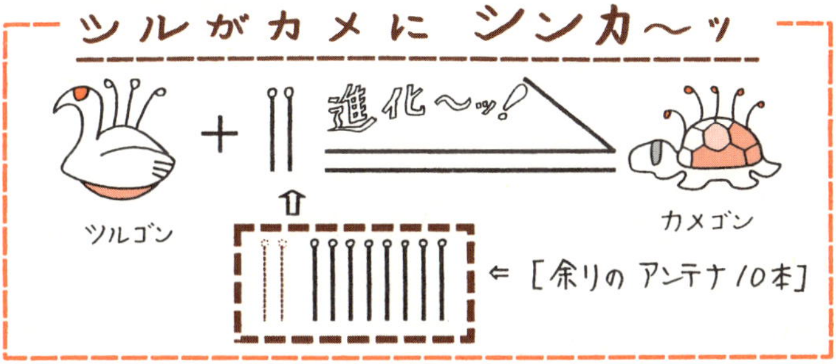

妹「進化〜ッ！　カメゴ〜〜〜ン」

翔「な〜るほど！　そうきたか。これで12機の中の１機だけはカメ号に変わったわけだ」

妹「これからどうするの？」

父「12機全部をツル号にしたからこそ、アンテナが10本も余ったのさ。だから、いま１機のカメ号が誕生したようなやり方で、２本ずつツル号にアンテナをつけていけば、いいんじゃないの」

翔「よし、やってみよう」

アンテナ全部を使い切るとカメゴンは何機

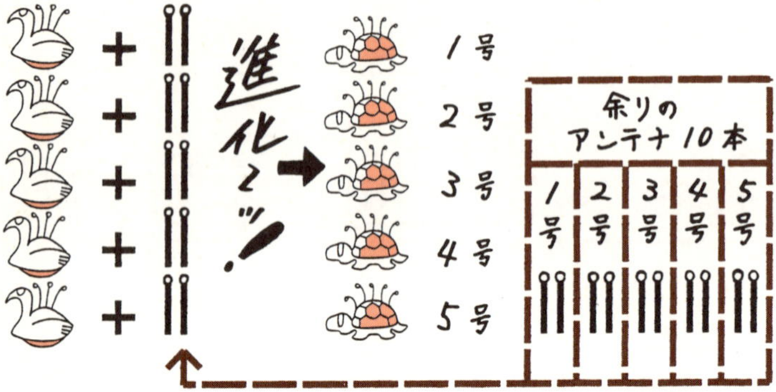

父「すごいね～　これは翔君が作った図なの？」

翔「そう、お父さんの話を聞いていたら、ひらめいちゃったんだ」

父「これによるとカメ号は５機なんだね」

翔「そうそう」

父「それじゃ、それを求める式もいちおうは作らなきゃね」

翔「もう疲れちゃったから、あとはまかせるって……」

妹「ヤイヤ～イ　できないんじゃナ～イ」

父「簡単だよ。図の通りに式を作ればいいんだから」

妹「余りの中から、アンテナを２本ずつ取っ

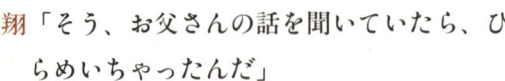

たんだから、10から2を何回も取っていけばそれがカメゴンの数でしょ」

翔「同じ数を何回も引くときは、割り算を使うんだよ」

父「分かってんじゃない。そこまで知っているんなら、式を作れるんじゃないの」

翔「余りの10の中に2が何回あるか～だから《10÷2＝5》が式になるね。ヤッタ～できたぜ」

妹「やればできるじゃん、お兄ちゃんも」

翔「エッヘン　それじゃ式を全部作ってあげようか」

カメゴン⇨（46－3×12）÷（5－3）＝5
本　本　機　　本　本　機

ツルゴン⇨12－5＝7……………………式①
機　機　機

（5×12－46）÷（5－3）＝7……式②
本　機　本　　本　本　機

答　ツルゴンは7機、カメゴンは5機

人数も俵の数もすぐバレる

ネズミが盗んだ米俵

問題

月も出ていない、ある闇夜のことでした。
泥棒ネズミの集団が金持ちの米蔵からお米を盗み出し、荷車に乗せて逃げて行きました。
物音に気がついた主人ネズミは、逃げて行く泥棒ネズミたちを見つけたのですが、恐ろしくてその場で咎めることができず、泥棒たちのあとを、こっそりとつけて行くことにしました。
真っ暗やみの中を、足音や声を頼りにやっとでついて行きましたが、とある橋のたもとで泥棒たちはようやく立ち止まり、川原に降りて橋の下のほったて小屋に入って行きました。
そこで主人ネズミは小屋のそばにそっと近づ

き、板壁の破れ目からのぞきましたが、中には明かりがついていないのでよく見えませんでした。しかし、何やら話す声だけはどうにか聞こえました。

ネズミA「この米俵を1人5俵ずつ、みんなで公平に分けようぜ」
ネズミB「あれ〜っ！　4俵も余っちゃったよ」
ネズミC「しめしめ、そんなにたくさん盗んだのか。それでは1人6俵ずつに、初めっから分け直すことにしようじゃないか」
ネズミD「え〜っ？　今度は3俵足りなくなったよ」
ネズミE「過不足の分は、あとで小分けして公平に分けることにしようぜ」

ここまではなんとか聞こえましたが、それからは宴会を始めたようで、聞き取れなくなったので急いで家に帰り、家の者みんなを起こして相談しました。
ところがみんなで相談しているうちに、なんと！　盗まれた米俵の数や、泥棒ネズミたちの人数までが分かってしまったのです。さて皆さんはどうでしょう。この先は、家ネズミたちが作った絵ん分図と、彼らの会話をお聞き下さい。

【絵ン分図】

〜米俵のやりとりを図にしたら〜

☞太い実線の中が盗まれた米俵です。

☞赤色の円が米俵の［過不足］に当たります。

(1) 1回目の米俵分配図

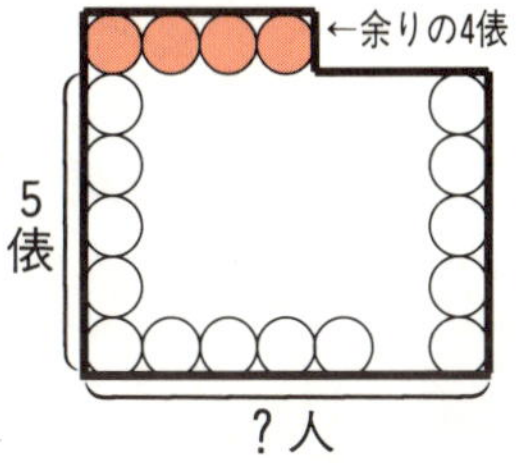

［分かっていること］
①1人が5俵もらう
②余りは4俵

(2) 2回目の米俵分配図

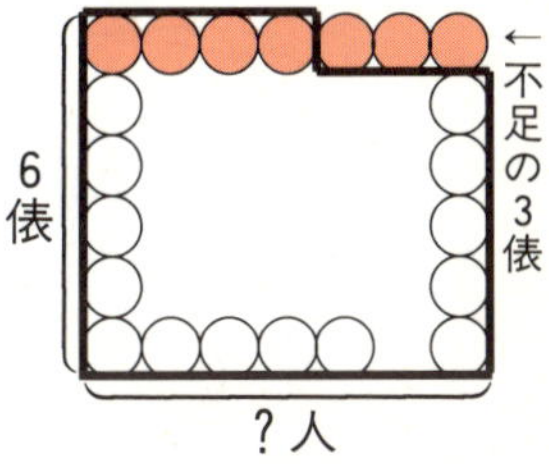

［分かっていること］
①1人が6俵もらう
②不足は3俵

※泥棒の人数は(1)と(2)とも同数ですがまだ不明。

上の図を念頭に置いて、これからの家ネズミたちの会話をお聞き下さい。

【解法】[1]

ネズミL「米俵を取り返すには、泥棒の人数が分からないと、逆にこちらが負けてしまうぜ」

M「それじゃ　まず図(1)から考えてみようよ」

N「1人が5俵ずつもらえば、4俵余

るというだけでは、何にも分からないね」

M「いや、ひとつだけ分かることがあるのさ」

N「ウッソー！　いったい何が分かるのさ」

M「もし、泥棒が４人だったら〈４俵余る〉とは言わないで、〈ピッタリ分けられた〉と言うはずだから、泥棒が５人以上いることに間違いはないね」

O「フムフム　あんたは天才！」

【解法】[2]

P「それじゃ　図(2)では、どんなことが分かるのかな」

L「そうね～　たいしたことじゃないけど、１人のもらえる数が１俵増えたってことぐらいかな」

Q「いやいや、それは重要なことだと思うぜ」

N「エ～ッ？　なんで～！」

F「だって～　１人５俵ずつにしたら４俵余って、６俵ずつだったら３俵

不足する、という問題なんだから、そのへんにヒントがあるんじゃないの」

O「ふ～ん　算数って、勘で解くものなの？」

Q「だからさ～　図(2)では3俵不足ってことなんでしょ。これを図(1)と結びつけられないかな～」

P「結びつけなくったって、分かることがあるじゃん」

N「何が分かるっていうの」

P「だってさ、3俵不足ってことは〈あと3俵あれば、全員に公平に分配できる〉ってことじゃない」

G「それが分かったところで、泥棒の人数が分かるってもんじゃないような気がするけど」

Q「いや、ちょっと待てよ。ここで図(2)を見てみようよ」

P「分かったぞ!!　余りの4俵に、不足の3俵を足せば、全員の配分が1俵ずつ増えるということだね」

N「だからなんなのさ」

P「だからさ～　分け前を1俵ずつ増

やそうとすると、７俵必要だということは、泥棒は７人いるということを意味するわけでしょうが」

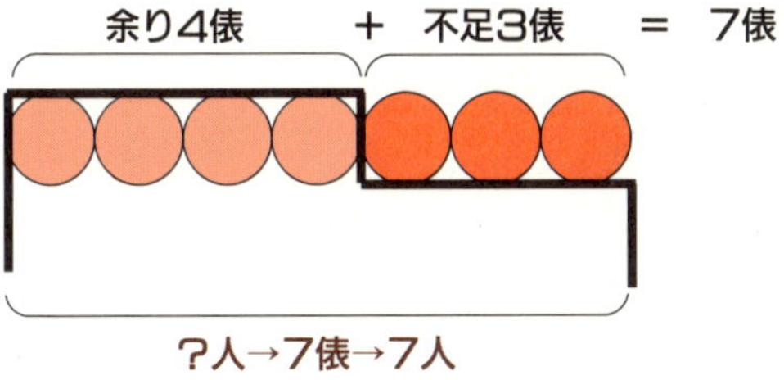

Q「そうすると
《５俵×７人＋４俵＝39俵》だから、盗まれた米俵は39俵ってことになるんだね」

N「ヨ～シッ！　早速やっつけに行こうぜ！」

M「今は文明社会なんだから、110番で十分だよ」

【解答】

４俵＋３俵＝７俵（人）

５俵×７人＝35俵

35俵＋４俵＝39俵

答：人数＝７人　米俵＝39俵

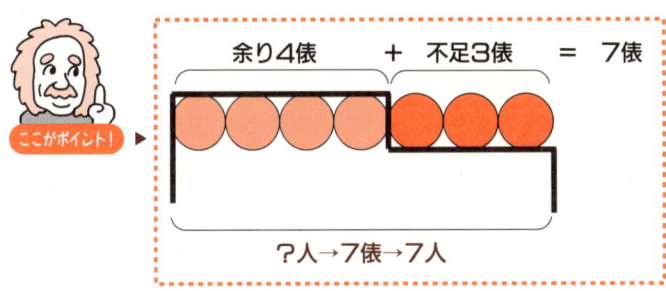

分数とは分けまえのことさ

昔の
エジプト人の分数

問題

昔々、5人のエジプト人が金の延べ棒を4本見つけました。その金の延べ棒は、4本とも同じ形・同じ重さでした。しかし、現在のような正確な物差しがなかったので、できるだけ公平に分配しようと考え、いろいろと工夫して分配しました。そしてその分け方を分数式にすると下記の式になりました。

$$\frac{4}{5} = \frac{1}{x} + \frac{1}{y} + \frac{1}{z}$$

昔のエジプト人の分配方法を、上記のｘｙｚの中に合う数を入れながら説明しなさい。

夢「《5分の4》の意味が分からないわ」

彰「《5分の4》の4は4本の金の延べ棒のことで、5は5人のエジプト人を指しているんだよ」

浩「な～るほど！《5分の4》というのは、《1を5等分したものの4個分》だとばかり思っていたよ」

彰「それもあるんだけど、
《5分の4＝4÷5》のことでもあるのさ」

香「ハハ～ン　この問題はその
《5分の4＝4本÷5人》の方で考えればいいのね」

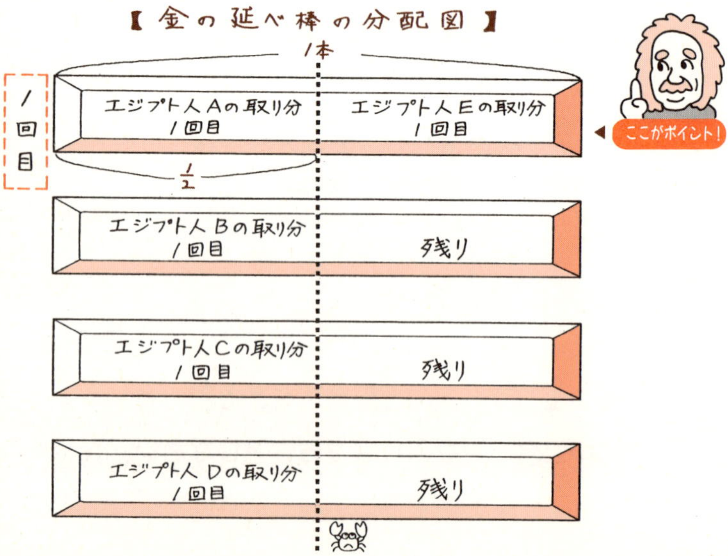

夢「この図では、エジプト人の５人をＡＢＣＤＥにしたのね」
賢「でも物差しがなければ、５人で４本をきちんと分けることはできないぜ」
浩「そういうときはね、紐《ひも》を使うといいんだよ。金の長さと同じ長さにして、それを半分に折り曲げれば、２分の１がある程度正確に、しかも簡単に求められるものなのさ」
賢「フ～ン　昔の人って頭良かったんだ～」

～8本なら5人で分けられる～

守「そうすると《２分の１》の金が全部で《４本×２＝８本》になったというわけか」
彰「そう、８本なら５人とも１人に《２分の１》ずつ、公平に分けられるからね」

守「でも、まだ３本残ってるよ」
夢「エ～ッ　どうしよう」

～もう1回《2分の1》に切っちゃおう～

彰「こうなったら残りの３本をもう１回、２分の１ずつに分けたら……」
浩「ホントにいいんですか～？」
夢「あら、今度は６個できたわ」
香「そうすると、エジプト人は５人だから、十分に分けられるわね」

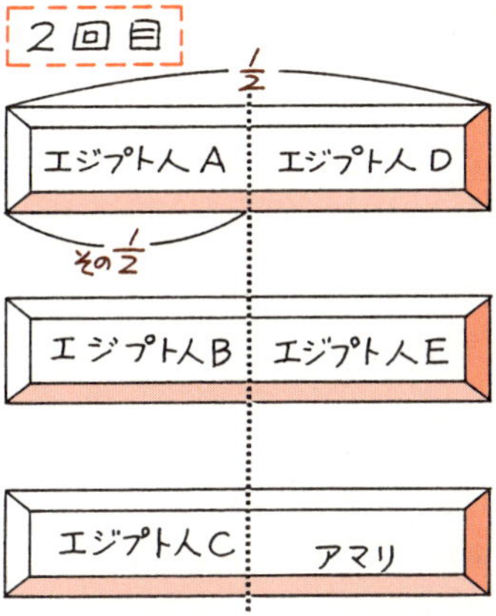

浩「でもやっぱり1個余っちゃったよ」

守「それに、《2分の1》は、本当の《2分の1》じゃないんでないの」

彰「いいこと言うね。それでは、次の図を見ながら考えてみようぜ」

浩「それと、今度の余りをどうやって分けるのかも…ネ」

夢「1回目では1人の分け前は、1本の《2分の1》だったけど、2回目は1本の《何分の1》もらったのかしら」

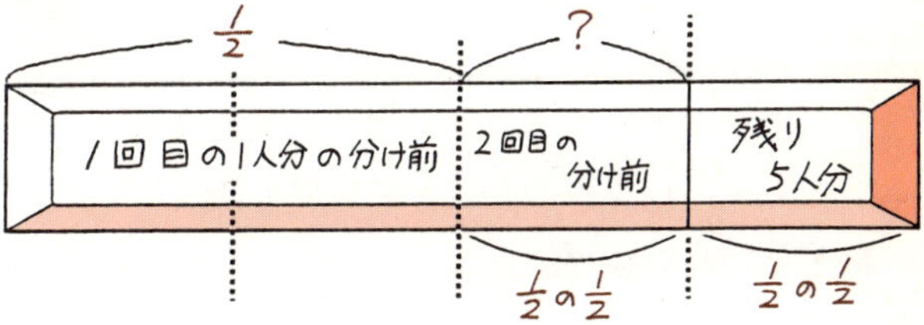

浩「絵を見たらすぐ分かっちゃうもんね。2つに分けたものをまた2つに分けたら、4つに分けたことになるから、それは《4分の1》に決まってるよ」

香「そりゃそうだけど、どういう式でそうなるのかをチェックしておかなきゃね」

夢「$\frac{1}{2}$の$\frac{1}{2}$というときは［の］の字を［×］にして$\frac{1}{2}$×$\frac{1}{2}$という式にすればいいのよ」

守「ナ～ルほど　分母同士を掛けることで、全体の１をいくつに分けたかが分かるってことか」

浩「$\frac{1}{2}$×$\frac{1}{2}$だとすると、答は$\frac{1}{4}$になるわね」

彰「これで１人分の分け前は、１回目の$\frac{1}{2}$と２回目の$\frac{1}{4}$になるけど、まだ$\frac{1}{4}$が１個残っているから、それも分けなきゃ」

～《4分の1》の1個を5人で分けよう～

浩「残りは《４分の１》の１個で、それを５人で分けるのだから、２個に分けても分配できないよ」

賢「《４分の１》は《２分の１》から見れば小さいから、多少の誤差があっても問題は起きないから楽だよ」

彰「それは重さでも量れるからいいんだけど、計算する式だけは作らないとね」

3回目

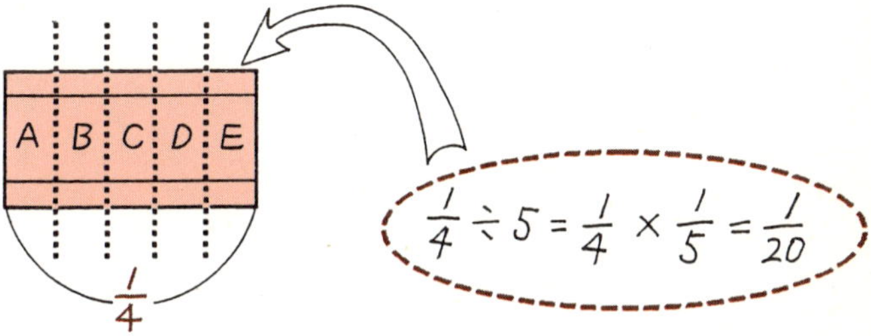

浩「そうそう$\frac{1}{4}$÷5（人）なのだから、
それは$\frac{1}{4}\times\frac{1}{5}=\frac{1}{20}$になるから、1人がもらえる分量は$\frac{1}{20}$になるよ」

夢「それで金の分配は終わったのね」

彰「よかったよかった！　無事終了というわけだ」

守「それでは1人のエジプト人がもらった分量を式にしたらどうなるのかな～」

香「最初からメモしてたから、すぐ分かるよ」

［1人がもらえた金の量］

1回目	2回目	3回目
$\frac{1}{2}$	$\frac{1}{4}$	$\frac{1}{20}$

［合計すると］

$$\frac{1}{2}+\frac{1}{4}+\frac{1}{20}=\frac{4}{5}$$

香「１人がもらった金の分量は分かったけど、それがこの問題とどういう関係があるの？」

彰「いい質問だね～。それでは［質問の式］と［１人分の式］とを比べてみようか」

《質問の式》

$$\frac{4}{5}=\frac{1}{x}+\frac{1}{y}+\frac{1}{z}$$

《１人分の金の分量の式》

$$\frac{1}{2}+\frac{1}{4}+\frac{1}{20}=\frac{4}{5}$$

浩「エ〜ッ！　全然違うじゃん」

賢「エ〜ッ！　どこが〜？」

浩「《５分の４》の場所が、左右正反対じゃない」

賢「同じ式の中で《＝》でつながっている場合なら、左右どちらにあっても同一と考えていいんだよ」

浩「それじゃ、よく似た式だわね」

夢「いいえ、まったく同じ式だわよ」

彰「それに、この式はいくつものことを教えてくれているから、もう一度ここでまとめておこうか」

3倍になるのはいつのこと

女性の年はきいちゃダメ

問題

華ちゃんの年齢は9歳で、母の年齢は31歳です。母の年齢が華ちゃんの年齢の3倍になるのは、今から何年後ですか。

華「私が生まれたのは、お母さんが何歳のときなの？」

母「エ〜トット　たしか22歳の時だったわよ」

華「そうすると、私が1歳の時、お母さんが23歳だから、そのときお母さんは私の23倍なんだね」

母「そうよ、年をとるとともに2人の倍数は小さくなってゆくんだわね。年の話はいやだけどね〜」

華「そうね〜　私が20歳のころ、お母さんはだいたい40歳ぐらいだから、だいたい2倍になるのね」

母「そうそう、そういう全体観が大切ね」

華「こういう問題は、単なる計算力なんじゃないの」

母「こういう問題を軽く考えてはいけないわよ」

華「どうして？」

母「速さって何なのか〜とか、分数って何なのか〜というように、おおよそでいいんだけど、本質をつかまえた考え方ができないと、計算力を活かした考えが生まれないのよ」

華「それじゃ聞くけど、速さってナ～ニ？」
母「短く答えれば〈距離〉だわね」
華「じゃ～、年齢ってナ～ニ？」
母「〈年を取る〉っていうから〈年齢とは引き算なり〉と言いたいところだわね。それより、線分図を描きましょうよ」
華「すぐごまかすんだから～　で、どうやって描くの？」
母「私とあなたの、今の年齢を合わせることから始めましょう」

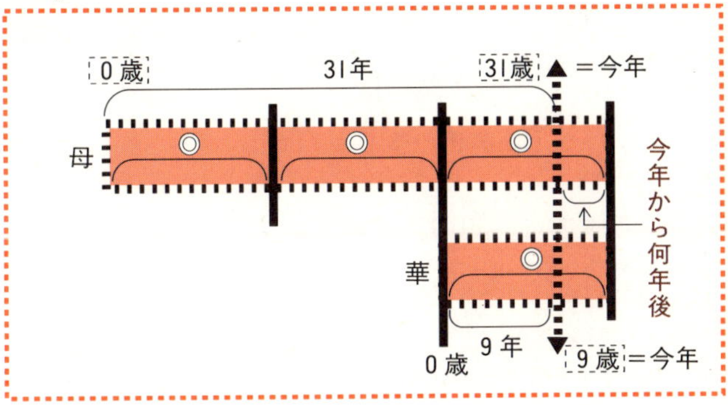

華「ハハ～　これが問題を線分図にしたものなのね」
母「そうよ。そして◎は、私の年がA子さんの3倍に当たる結果を表す記号なのよ」
華「分かりやすいわ～。でも、どうやって解くのかは分からないけどね」
母「私だって解いてみなきゃ分からないわよ」
華「アッ　ひとつ分かったわ」
母「早いわね～。どこ、どこ？」
華「お母さんの31から私の９を引いた数が、ちょうど◎２個分になるじゃない」
母「マッ　すご～い！　なんでそんなにすぐ分かっちゃったの」
華「年齢を比べる時には、差が一定だから、そこが何倍かがカギなの」

◎１個分は

（31－９）÷２＝11

母「そうすると、11の３倍の数が華ちゃんの年齢の３倍に当たる、ということになるのね」
華「ということは《◎１個分＝11＝そのときの私の年齢》になるんだわ」
母「式なんかほとんど作らないで、図を見るだけでここまで分かるなんて、ホ～ント線分図様々だわ～」
華「感心ばかりしていないで、式を作ってよ」
母「私は図を描いたんだから、式ぐらいは華ちゃんが作って」

母の年齢が華ちゃんの3倍になるのは何年後か

答　11－9＝2

華「はい、これでいいんでしょ。大騒ぎすることないでしょ」

母「あんまり簡単にできたんで、自分でも疑っちゃうわよ」

華「それなら確認しましょ」

母→31＋2＝33　華→9＋2＝11

比較→33÷11＝3倍

母「まとめてみると、今から2年後の華ちゃんが11歳のときに、私の年齢が華ちゃんの3倍の33歳になるということなのね」

差は一定だけど、倍率は…

年齢問題は差一定に着目

問題

ことし、母の年齢は40歳、娘の瑠璃の年齢は12歳です。母の年齢が瑠璃の年齢の5倍だったのは、今から何年前のことだったでしょう。

差一定に着目

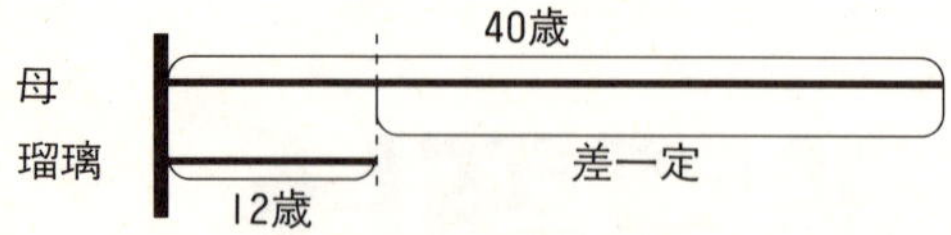

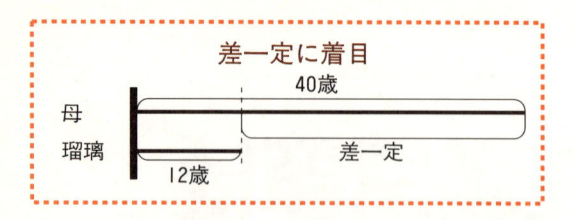

母「今は瑠璃ちゃんの何倍なのかな～」
瑠璃「3.3倍くらいだわ」
母「そうね。12年が３回ちょっと巡ったことになるわね」
瑠璃「だから、〈５倍〉の条件を満たすためには、〈差一定〉の部分が私の年の《５－１＝４》倍じゃないとね」
母「鋭いわね～　やってみようよ」
瑠璃「いいわよ」

差は何歳

40－12＝28

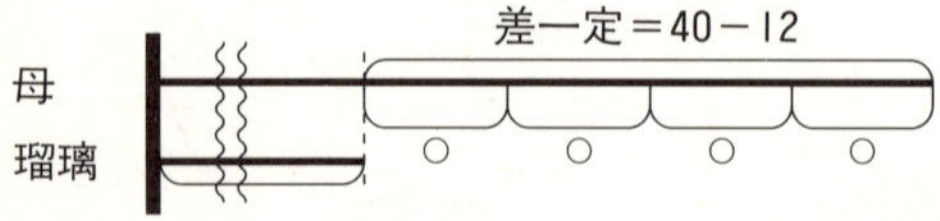

瑠璃「この〈差が一定〉という部分が28で、これは一生続くのだから、いろんな問題に応用できるわね」

母「差一定の部分が〈28〉で、それが５倍の中の４倍にあたる部分になるのよ」

差一定の部分が４等分の場合

（40歳－12歳）÷（５倍－１倍）＝７歳

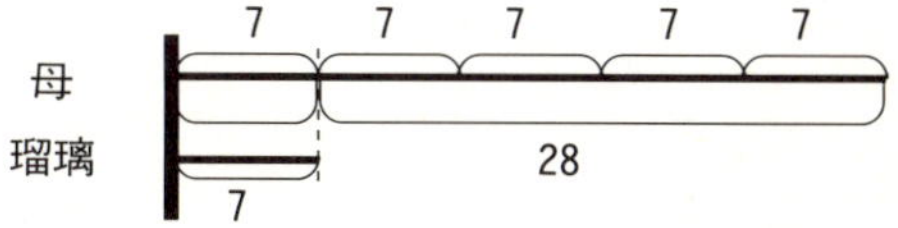

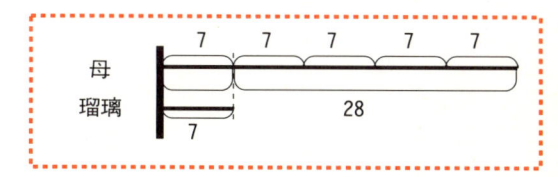

瑠璃「なんとか解けたようね」

母「いやいや、日ごろの瑠璃ちゃんとは思えないくらい立派な解き方だったわよ」

瑠璃「線分図を見ると、知らないうちに解けるのよ」

12歳－７歳＝５年前

答　５年前

テストがこわい

破いてもダメ、すぐバレる

問題

マコト君の１学期の成績は〈国語＝85点・算数＝93点・理科＝88点・平均＝84点・社会＝不明〉でした。

では、社会科の点数は何点ですか。

マコト「エッヘッヘ　どうだい。僕の点数は全部80点以上。平均点なんか84点だもんね～」

ユカ「イッヒッヒ　嘘ばっかり！」

マコト「何を証拠にそんなことが言えるんだい」

ユカ「だ～ってさ～　隠していることがあるんじゃないの？」

マコト「な～んにも隠してなんか、いないよ～だ」

ユカ「じゃ～〈社会＝不明〉っていうのは、なんなのさ」

マコト「え～っとっとっと～　成績表が破れちゃってさ～」

ユカ「ダメだね～　しらばくれたってさ。これからぜ～んぶ、調べてあげるから、覚悟してらっしゃ～い」

マコト「おお、こわ～っ！　どうぞどうぞ」

国語	算数	理科	社会	平均
85	93	88		84

ユカ「さ～　これがマコちゃんの報告だわね」

マコト「その通りさ」

ユカ「イッヒッヒ　平均点を破らなかったのが致命傷だわね」

マコト「なんでさ」

ユカ「私の得意な〈線分図〉で、説明しましょ」

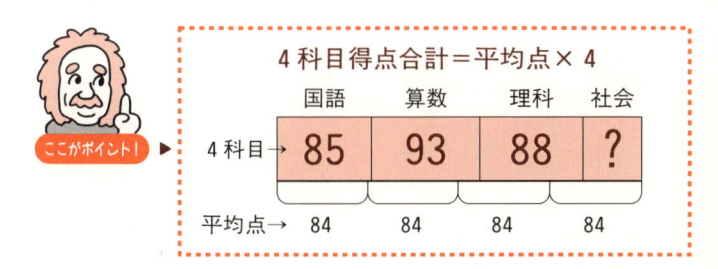

4科目得点合計＝平均点×4

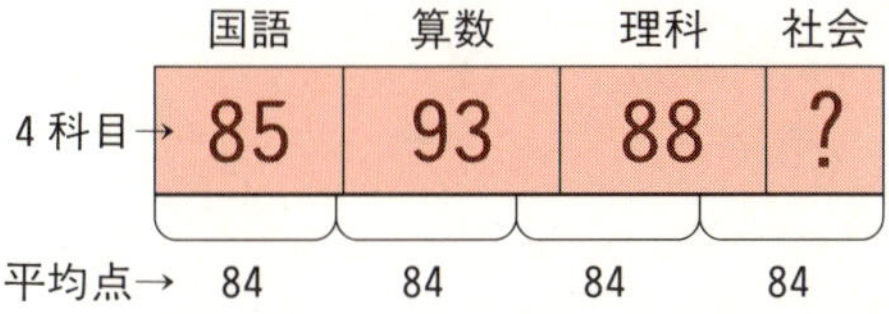

ユカ「平均点というのは、得点を全部合計して、それを科目数で割った数だわよね」

マコト「……」――心の中は――

もしかしてヤバイかも……

ユカ「だから〈得点合計＝平均点×４〉という式が成り立つわけ」

マコト「それからどうする？」

社会科の点数は

84× 4 − (85＋93＋88) ＝

336−266＝70……社会科の点数

答　70点

ユカ「ホラ！　嘘つき〜ッ！　80点以下の科目があるじゃん」

マコト「ワーッ　逃げろ〜ッ」

和と差が分かればお見通し

頭かくして尻かくさず

問題

母「2人の貯金額は、 合計すると4万円になるのよ」

父「へ～　すごいな」

妹「でも、今月は上履きを買いたいから、私は2千円引き出すわよ。いいでしょ？」

兄「僕は、3千円追加して貯金するんだ。すごいだろ」

妹「それでも、貯金額は私の方が3千5百円多いわよ」

母「あら、お父さんには2人の初めの貯金額がもう分かったみたいよ」

兄「うっそ～　どうして分かったの？」

では皆さんも２人の貯金額を考えて下さい。

父「そうだね～　口で説明するよりも、一見《いっけん》に如《し》かずって言うから、線分図で解いてみよう」

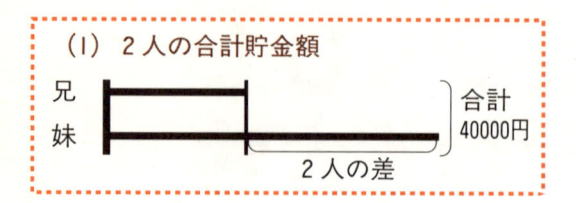

（1）２人の合計貯金額

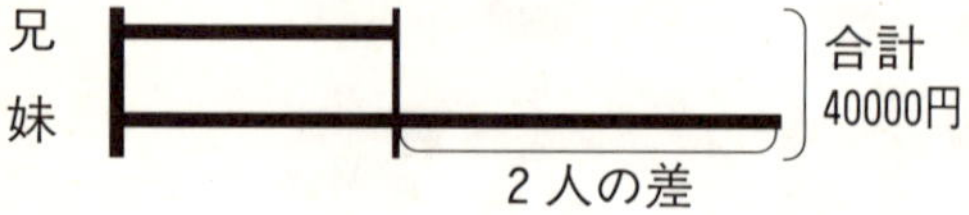

妹「そうそう、これでいいのよ。私の方がずいぶん多そうだわ」

兄「でも、これだけじゃあ何にも分からないぜ」

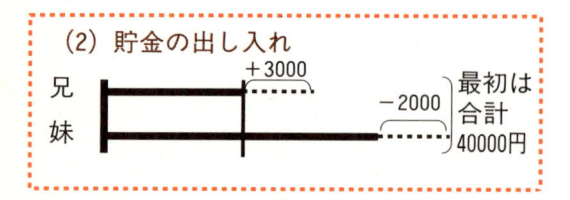

（2）貯金の出し入れ

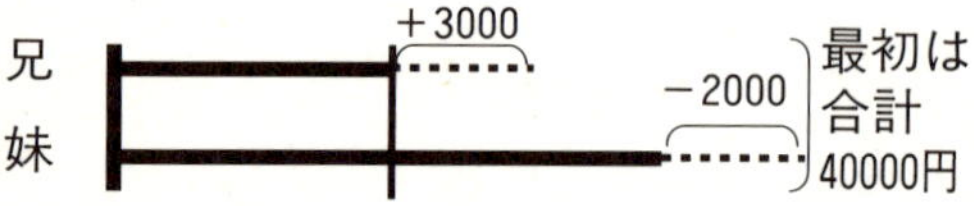

父「貯金の出し入れは、これでいいのかな」

兄「うん、これで僕の勝ちになるかもね」

母「でも、まだ分からないわね」

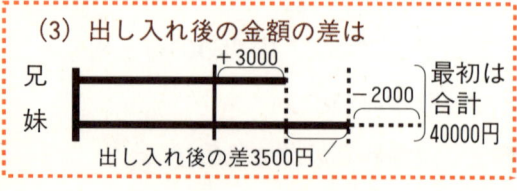

（3）出し入れ後の金額の差は

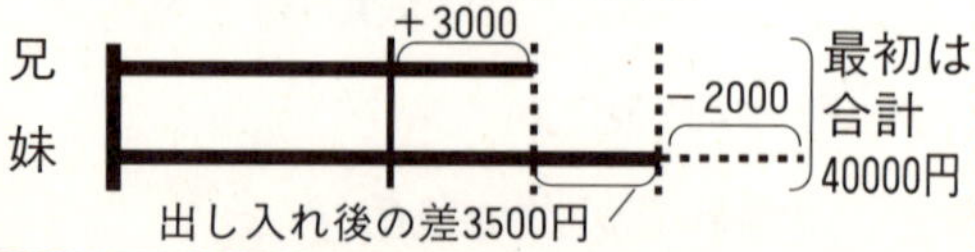

父「やっと、終わりに近づいたね」
妹「でも、これで何が分かったの？」
父「最初の(1)の図に描かれている〈2人の差〉がこの図でハッキリするはずだよ」
兄「アッ本当だ！」

最初の貯金額の差

3000円＋3500円＋2000円＝8500円

(4) 2人の貯金額の差

妹「やっぱり差はずいぶん大きかったのね」
兄「何言ってんだい。もうすぐ同じじゃないか」
母「喧嘩してないで、早く解かなきゃ」
妹「ここまで来たら、あとはもう楽だね」
兄「そうだよ。4万円から8千5百円を引けばいいんだろ」
妹「そうすれば、残金は半分ずつだから、すぐ計算できるわよ」
父「よく理解できたね。

①　差の８千５百円を和の４万円から引いて、それを２で割れば、お兄ちゃんの貯金額が分かるし、

②　差の８千５百円を和の４万円に足して、それを２で割れば、まみちゃん（妹）の貯金額が分かるのさ」

２人の最初の貯金額

①　兄の最初の貯金額

（40000円－8500円）÷２＝15750円

②　妹の最初の貯金額

（40000円＋8500円）÷２＝24250円

答　兄の貯金額＝15750円

妹の貯金額＝24250円

あげたら少なくなっちゃった

あげる、もらう、どちらが多い

問題

遊園地に遊びに来た隆君と彩さんの二人は、切符を買うときに財布の中身を比べました。すると、隆君の方がだいぶん多かったので、240円を彩さんにあげました。

ところが、その後2人の所持金を比べたら、今度は彩さんの方が80円多くなっていました。

さて、所持金をやりとりする前は、どちらが何円多かったでしょうか。

恵「自分たちがやりとりしたのに、本人が分からないの？」

隆「覚えていたら、こんなことにはならないよ」

恵「言われてみるとその通りだけど、これはどう解いたらいいのか分からないから、線分図にして考えてみましょうよ」

彩「それがいいわね」

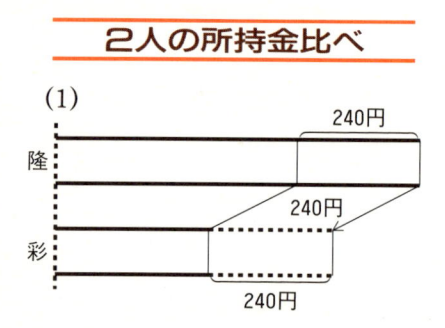

2人の所持金比べ

(1)

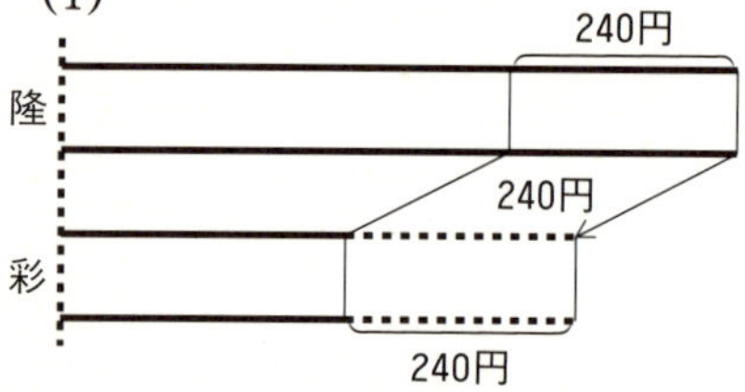

隆「上の図が240円を渡すときの線分図だね」

彩「今度は私が図を作ったわよ。でも、私の方が80円多くなっちゃったのよね」

(2)

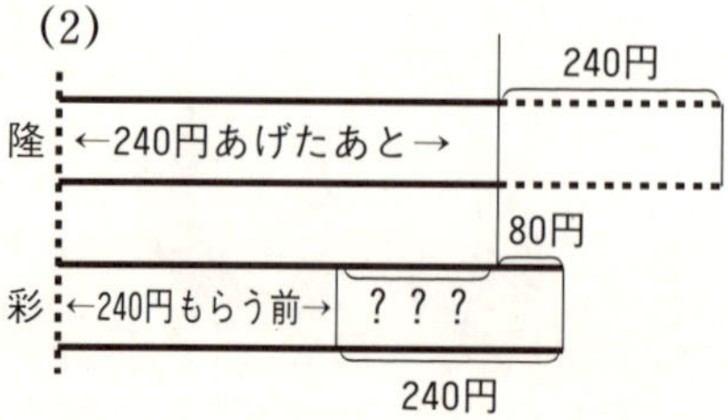

恵「ずいぶんよく分かる図が描けたわね」

隆「どうして？」

恵「だって、240円もらったら80円多くなったんだから、《？》の金額が分かるからよ」

隆「《？》が分かったら、なぜいいの？」

彩「あとは実際に計算してみれば……」

隆「やろうやろう。《240円－80円》だから、160円になったよ」

彩「そこまで分かれば、あとは楽勝だわ」

隆「そうだね。その160円に240円を加えれば最初の２人の差が求められるわけさ」

彩「答はどうなるの？」

隆「人にばかりやらせないで、自分でもやったら……」

彩「ウフフ《160円＋240円＝400円》になったわ」

【式と答】 ①　240円－80円＋240円＝400円

②　240円×２－80円＝400円

答　隆が400円多かった

果物にすれば誰でも解ける

小学生が解く連立方程式

問題

愛ちゃん、萠ちゃんの姉妹は、母と一緒にフルーツを買いに行きました。

母はリンゴ4個、ナシ2個、バナナ5本を買い、810円支払いました。

萠ちゃんは、リンゴ1個、ナシ3個、バナナ2本を買って、550円支払いました。

愛ちゃんは、リンゴ3個、ナシ1個、バナナ3本を買って、520円支払いました。

さて、リンゴ、ナシ、バナナ、それぞれ1個の値段はいくらでしょうか。

母「このリンゴ見てよ、いい色してるわね」
愛「ほお～んと　ずいぶん高そうなリンゴだこと」
萠「エ～ッ　値段知らないで買ったの？」
愛「そんなに覚えていないわよ。あっちこっち寄ってきたから忘れるわよ」
母「そんなこと簡単に分かるわ。それぞれの支払金額は覚えているんだから……」
萠「さっすが～　主婦の鑑《かがみ》！　経験がものを言うわね」
愛「どうやって調べるの？」
母「まず、みんなが買ったフルーツを全部出してごらん」

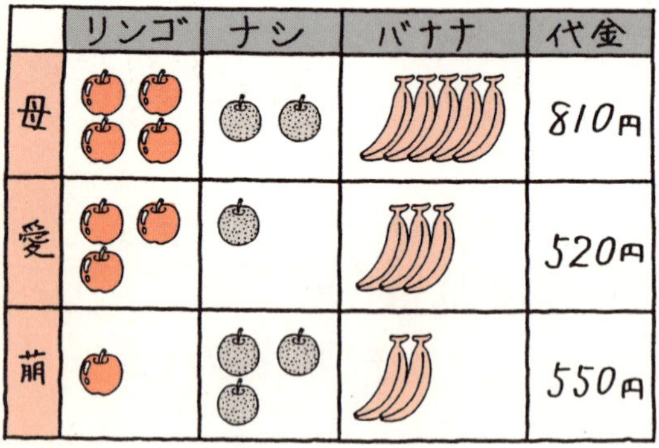

母「さあ　できたわよ」
愛「こんなことで、１個の値段がほんとに分

かるの？」
萠「ハハ〜ン、連立方程式を絵にしたわけね」
愛「あっそうか〜　でも、このままでは解けないわ」
母「そう。だから、３人の間で足したり引いたりして１種類だけ残せばいいのよ」
萠「それじゃあ、私のと愛ちゃんのとを足したらどうかしら」
愛「おもしろいわね、やってみようよ。でも、何のためにそんなことをするの？」
萠「下の図を見てごらん。２人のを足してから、お母さんのと比べたら、おもしろいことが起きるわよ」

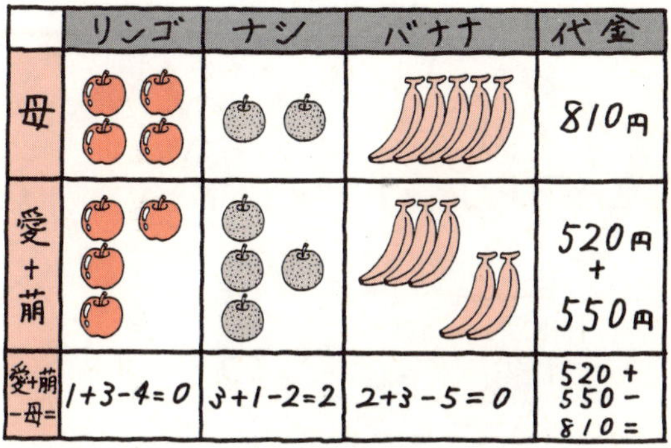

	リンゴ	ナシ	バナナ	代金
母				810円
愛+萠				520円 + 550円
愛+萠−母=	1+3−4=0	3+1−2=2	2+3−5=0	520+550−810=

「すごいすごい！　リンゴとバナナが〈0〉になっちゃった〜」

810円
550円
520円

愛「そうすると～ナシ２個が⇨
（520＋550－810）ということになるわね～」
母「これでナシ１個の値段が出せるわね」

ナシ１個の値段

（520＋550－810）÷（３＋１－２）＝

260÷２＝130　答　ナシ１個は130円

愛「分かったわ！　フルーツが１種類だけ残るように工夫すればいいのね」
母「そうそう、そういう目でフルーツを見てゆきましょうね」

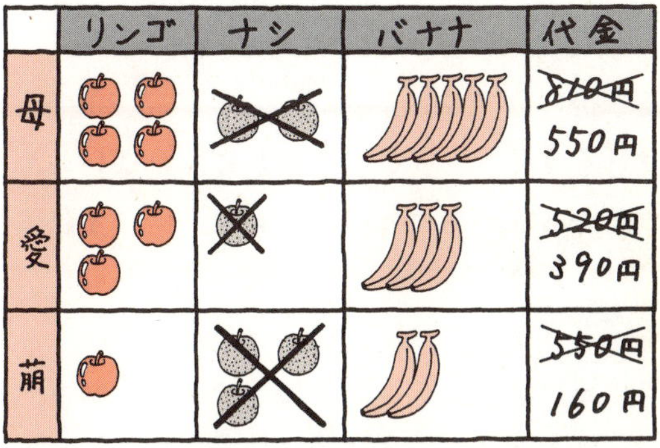

母「ナシ１個は、130円ということが分かったから、支払代金から全部引いてみましょうよ」

ナシ抜きの支払代金

［母の場合］810－130×２＝550円
リンゴ４・バナナ５の代金

［愛の場合］520－130＝390円
リンゴ３・バナナ３の代金

［萠の場合］550－130×３＝160円
リンゴ１・バナナ２の代金

愛「これからどうする？」

萠「リンゴ１個で簡単だから、私と愛ちゃんのとを比べるといいような気がするんだけど……」

母「この２人の関係を加減乗除でいうと、［乗］だわね」

萠「掛け算のこと？」

愛「そうそう、リンゴを同数にすればいいんだから、萠ちゃんのリンゴを３倍にすればいいのよ」

萠「どうやって？」

母「早い話が、リンゴ１個とバナナ２個を、代金も含めて３倍にすればいいのよ」

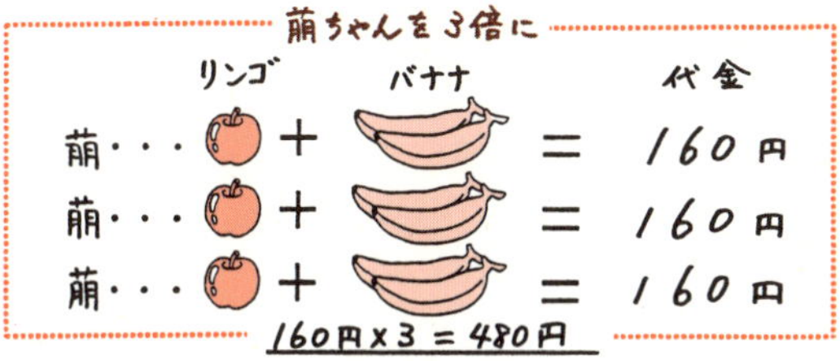

愛「これでどうかしら」

母「うまいうまい、それでいいのよ。あとは愛ちゃんのと比べればいいのよ」

愛「萌ちゃんのと私のとを比べると、リンゴは同数だけど、バナナは萌ちゃんの方が多いのね」

萌「だから、私のと愛ちゃんのとの差はこうなるんでしょ」

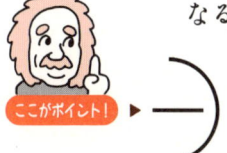

萌⇨リンゴ３個＋バナナ６本＝480円
愛⇨リンゴ３個＋バナナ３本＝390円

バナナ３本＝　90円

バナナ１本の値段

（480－390）÷（６－３）＝30

答　バナナ１本は30円

萠「ヤッタ～！　残りはリンゴの値段が分かればいいんだわ」

愛「これでナシもバナナも分かったんだから、その値段を合計金額から引けば、リンゴの値段が出せるね」

萠「私のフルーツが一番数が少ないから、私のを計算に使いましょうよ」

愛「賛成　賛成！」

リンゴ１個の値段

リンゴ　　ナシ　　　　バナナ
⇩　　　　⇩　　　　　⇩
１個＋130円×３個＋２本×30円＝550円
リンゴ１個＝550－（390＋60円）
＝100

答　リンゴ１個は100円

母・愛・萠

「バンザーイ！　全部解けたワ～イ！」

どっちがたくさん売れるかな

最初の数はお見通し

問題

アンリとサトルの家では、ある温泉駅で温泉まんじゅうを売っています。その温泉駅の東口ではアンリが、西口ではサトルが、それぞれの店の責任者になっています。

ある日の午前中の売上を比べたら、アンリは250個、サトルは150個売っていました。これで、アンリの在庫はサトルの在庫の2倍になりました。

その日の朝、お店に持っていったまんじゅうは、アンリの方が、400個多かったのですが、2人が朝持っていったまんじゅうはそれぞれ何個だったでしょう。

アンリ「どうお、私の方が100個も多かったでしょう」

サトル「だって〜　東口の方がたくさん人が出入りするんだもん当たり前じゃん」

アンリ「それじゃ〜　朝持っていったおまんじゅうは何個だったの？」

サトル「そっちこそ何個なのさ」

アンリ「この問題文を読んだだけで分かるんだけど、教えてやらないわよ〜だ」

サトル「ようし、見てろってんだ。僕には、線分図っていう、強〜い味方がいるんだぞ」

アンリ「いいわよ、できるもんならやってみたら〜」

サトル「ま、最初はこんなところから始めようかな」

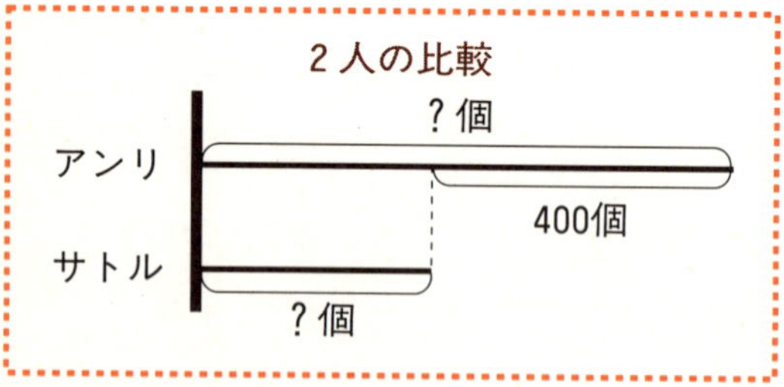

アンリ「この程度なら誰にでも描けるわよ」

サトル「ようし、これではどうだ」

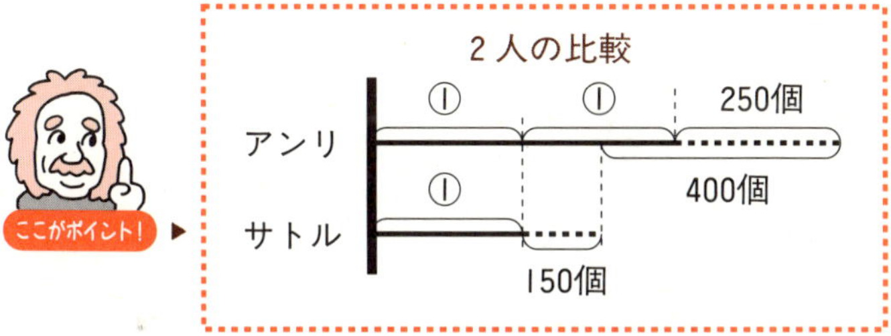

サトル「これは、アンリが250個、僕が150個売ってからの比較図で、残りの数はアンリの方が2倍だっていうんだから、①で倍数を表したのさ」

アンリ「あらあら、お見事。よく分かる図が描けたわね。敵ながら天晴れあっぱれ」

サトル「なんで敵なの？」

アンリ「だって売上合戦をしているじゃん」

サトル「あっそうだった。ようし頑張るぞ～」

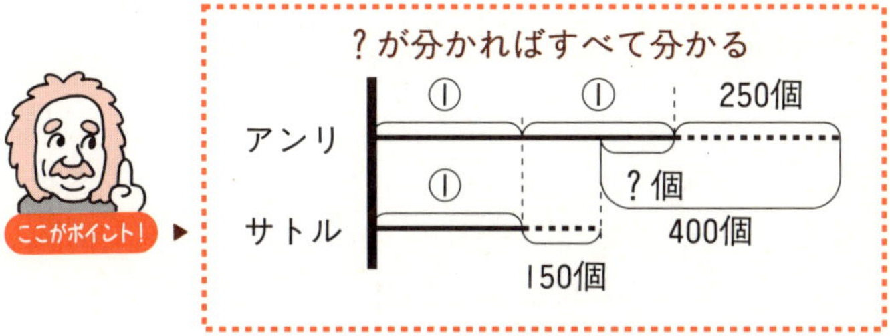

サトル「さあ、これで勝負あったね」

温泉
たこ
まんじゅう
タコ焼きじゃね〜

アンリ「エ～ッ！　前の図とどこが違うの？」
サトル「〈？〉の個数が分かれば、①の数字が分かると思うよ」

①が分かればすべてが分かる

①＝150個＋（400個－250個）

150個＋150個＝300個

①＝300個

サトル「ほらね、①が300個ってことが分かれば、あとはほかの①の部分に、300を当てはめればいいんだぜ」
アンリ「ワ～ッ！　見直したわ」
サトル「イッヒッヒ　それほどでも……」
アンリ「気取っていないで、さっさと解いてよ」

朝、２人が持っていったまんじゅうの数

アンリ→300個×２＋250個＝850個

サトル→300個＋150個＝450個

答　アンリは850個、サトルは450個

紅白まんじゅうは何セット

和と差が分かれば セット数が分かる

問題

お祝いの紅白まんじゅうを作ろうと思いました。紅白全部で33個作りましたが、白いまんじゅうの方が5個多く作られたので、セットが組めないのもできました。

紅白2個を1セットにするとき、紅白まんじゅうは何セットできますか。

※白組＝白　紅組＝紅　工場長＝工

白「ワーイッ！　白組の勝ちだぜ、赤組は怠け者が多いんだよ」
紅「違うわよ、赤い色をつけるのに時間がかかったのよ」
工「喧嘩をしてる場合じゃないんだよ。急いでるんだよ。それで何セットできたの？」
白「実際にセットしてみりゃ、すぐ分かるぜ」
紅「なに言ってんのよ、頭で計算できないの？」
白「簡単さ～　《33－５＝28》セットに決まってるさ」
紅「ブブ～ですよ～だ！　そんなにセットできませんよ～」
白「どうしてそんなことが分かるんだよ」
工「百聞《ひゃくぶん》は一見《いっけん》に如《し》かずっていうから、図に描いてみようよ」

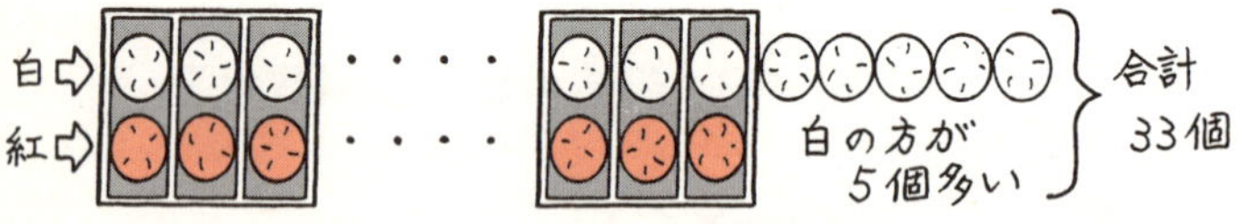

工「《（33－５）÷２＝14セット》できるんだね」

答　14セットできる

つるかめ算、中級編

壊した物は弁償しなきゃ

問題

大介君は、ガラス製品を運ぶアルバイトをしました。運び賃は1個20円ですが、運搬途中に破損した場合には、その分の運び賃はもらえず、それどころか破損したガラス製品1個につき、15円の弁償をさせられます。

さて、大介君はガラス製品を50個運んだのですが、弁償分を差し引かれたので、運び賃は755円でした。

大介君が壊した製品は何個ですか。

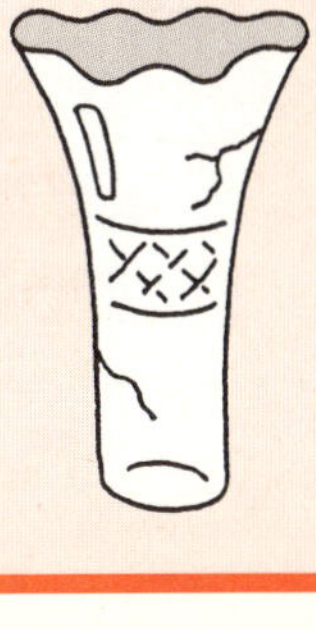

春樹「僕もあのアルバイトをしたことがあるけれど、壊したことは１回もなかったけれどな～」

真智「ときによって、いろんなことが起きるのよ。しかたないわよ」

春樹「それもそうだけど、いったい何個壊したのかな～」

真智「大介君は、教えてくれなかったけど、計算すれば分かるんじゃないの？」

春樹「そうだね。当てて、びっくりさせてやろうぜ」

真智「ウフフ、おもしろそ～」

春樹「さ～て、どこから手をつけようか」

真智「私はもう、線分図を描かなきゃ、見当がつかないわ」

春樹「じゃ～、そうしようか。とりあえず、つるかめ算のように最初は〈全部壊さずに運んだ〉という仮定の話から始めようぜ」

真智「それがいいわね」

全部無事に運んだ場合

20円×50個＝1000円

春樹「ほんとは1000円もらえたんだ～」

真智「ところが、755円しかもらえなかったのね」

春樹「これからどうする？」

真智「どうして245円引かれたのかを、考えましょうよ」

春樹「なんで245円が、急に出てくるの？」

真智「そんなの暗算だって出せるじゃん」

差し引かれた金額

1000円－755円＝245円

真智「このへんで、線分図を描いておきましょうよ」

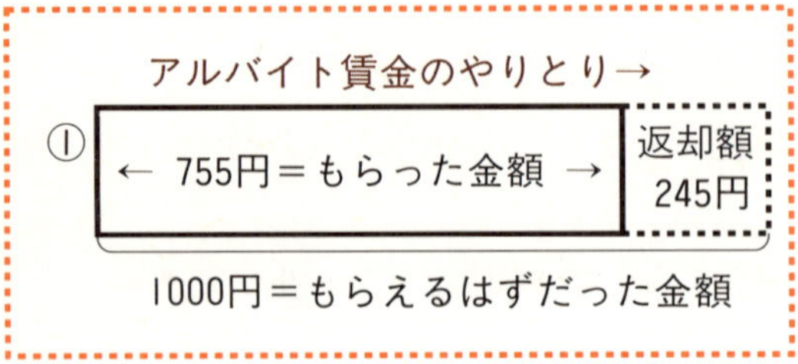

春樹「これだけじゃ分からないから、右の弁償金のところをもっと詳しく描いてよ」

真智「そのためには、弁償金の内容をよく考えなきゃ～」

春樹「どんな内容になるの？」

真智「１個壊したらどうなるのかってことよ」

春樹「どうなるの？」

真智「1000円の中から、弁償金を払うのよ」

春樹「いくら払うの？」

真智「それを考えてる最中じゃん」

春樹「アッそうだったね。とりあえず商品の仕入代金として、１個につき15円の弁償をしなければいけないんだよ」

真智「まだあるわよ」

春樹「エ～ッ！　商品の弁償は済んだでし

ょ？」

真智「全部運んだ、という仮定で運び賃を1000円もらったんだから、それも返さなきゃ」

春樹「アッ！　そうか～。1個について20円だったね」

真智「それで結局はどうなるの？」

弁償金とアルバイト料、返金の内訳

	1個	1個	1個		？個
弁償金	15円	15円	15円		？円
返金	20円	20円	20円		？円
合計	35円	35円	35円		245円

返済金合計＝245円

春樹「今の話をまとめると、こうなるぜ」

真智「そうそう、これを見ればもう、何も言わなくてもよく分かるわ」

春樹「同感だね。245円の中に35円がいくつあるかってことが分かればいいんだね」

壊した商品数

245円÷（15円＋20円）＝7個

答　7個

2章

ガウスが感激！

規則性

日本の大学生も、この本さえ読めば、どんな分数でも解けただろうに。

ガウス

Karl Friedrich Gauss（1777-1855）

整数論の出発点「数論の諸研究」を発表。数学・天文学・物理学の各方面で業績をあげた。最小自乗法、曲面論などにガウスの名で残されている定理が多い。

百聞は一見に如かず

奇数列の和が掛算でマッハの解答

問題

20人の男女が交互に1列に並んでいます。男子には1からの奇数番号、女子には2からの偶数番号が左から順についています。

男子がみんな1歩前に出ると、奇数の列ができました。この奇数列のすべての数の和を求めなさい。

【奇数列の和】

［1＋3＋5＋7＋9＋11＋13＋15＋17＋19＝］

彩「数を並べる場合、0から始まるんじゃないの？」

昇「整数というと0から始まるけれど、自然数は1から始まるから、別に問題はないし0は偶数だから」

蘭「和を求めるんだから、0なんかあったって意味ないしね」

〜大切なのは概念理解〜

博「それにしても、数列の和を計算するような単純なことが、何の役に立つのかナ〜」

昇「いま、分数が解けない大学生がいると言われているよね。そしてそれは、解法を知っていても概念理解に欠けているからだ、とも言われているんだよ」

蘭「よく分からないワ。概念理解って何のこと？」

昇「要するに〈分数って何か〉とか、〈速さって何か〉ということを、人に分かりやすく説明できるような基本的な学力のことさ」

～マッハの積が一番さ～

彩「数列の和では〈ガウスの工夫〉という計算方法もあるわよ」

昇「そうだね、それはたいていの数列に通用する計算方法だよ」

蘭「じゃぁ　どちらが早く答を出せるの？」

昇「早さでいえば、この〈マッハの積〉方式の勝ちさ」

蘭「マッハの積方式ってどんな方法なの？」

▶昇「要するに〈足し算で求めろ〉と言われた式の答が、簡単な〈掛け算で出せますよ〉ということなんだよ」

博「ウッソ～！　どうしたらそんなことができるのさ」

綾「やめといた方がいいわよ！　ウマイ話には気をつけろってお母さんが言ってたわよ」

博「あのね～　これはそんな話とは違うでしょうが」

彩「フフフ　とにかく聞いてみましょうよ」

～数字は何個あるの？～

要「この数列の中には、数字が全部で10個あるぜ」

昇「さ～すが～！　で、どうやって計算したの？」

要「エ～ッ！　１個ずつ数えただけさ、当たり前だろ」

蘭「それじゃ、数字が100個あるときも〈当たり前〉として100個全部数えるわけ？」

彩「もっと算数らしい数え方がないの？」

蘭「奇数といえば、全数字の半分だから……」

彩「そうそう、10個の数列なら奇数は５個だわよね」

博「そうすりゃ、この数列は１～19までだから、19個の半分は9.5個？？？」

昇「いやいや、数字を〈奇数と偶数〉の半分に分けるんだから、偶数の20を分ける対象にして《20÷２＝10》（個）と考えるべきだろうね。暗算でできる計算だけどね」

要「サ～！　10個と決まったんだから、あとはどうするの？」

～10個の2乗が奇数列の和～

昇「10個の２乗《10×10＝100》が、この奇数列の和になるのさ」

要「ウッソ～！　それだけ～？」

彩「そう。だから〈マッハ〉って言ったでしょ」

蘭「でもさ、それは単なる簡便法で、学問的ではなさそうね」

昇「ウフフ　そうとも言えないんだよ」

～百聞は一見にしかず～

蘭「だって、和を求めろって言ってるのに、掛け算なんかするなんて、納得できないじゃん」

博「そうだそうだ、ナットクできん」

彩「ウッフッフ　それじゃこれから面積図を見ながら考えてみましょう」

昇「まず、奇数列の数字が正方形の面積だと考えるわけ」

綾「うんうん」

昇「次に、左側の①②……が、足し算で〈和〉を求める図で、右側の①'②'が、その和を掛け算で求める図なのさ」

綾「ふ～ん」

奇数列の数字を面積図で表す〜1

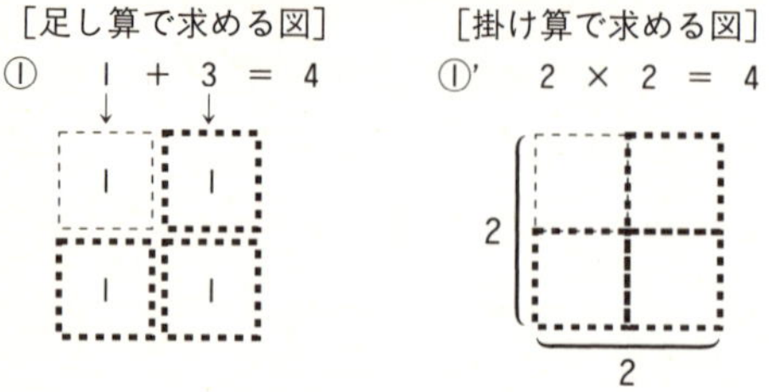

蘭「左図の①は何の図なの？」

昇「奇数列の最初の１を、点線で囲んだ面積１の正方形で表し、奇数列の３は面積１の正方形３個で表し、初めの１を囲んだわけさ」

綾「ワ〜ッ　おもしろいな〜　[1]が４個になって、２度目の正方形ができちゃってる」

蘭「右図の①'が、その〈できちゃった正方形〉なのね」

博「サッスガ〜　この正方形の面積は４だから、逆算すれば、一辺の長さは《４＝２×２》で２になるのさ」

綾「それがどうしたの？」

昇「だからさ、おもしろいことに、この２の２乗＝４という数が偶然にも奇数列《１＋３》の和の４と一致するのさ」

昇「そして、正方形の一辺の２と、奇数の個数（1・3＝2個）とも一致しているってわけさ」

博「フ～ン偶然ね～。でも、偶然ってそうは続かないんだよね」

昇「フフフ……それが、この式では最後まで偶然だらけでね」

綾「エ～ッ！　どういうこと～？」

昇「面積図を見た方が分かるんじゃないかな」

奇数列と面積図～2

▶ ②　$1+3+5=9$　　②'　$3\times3=9$

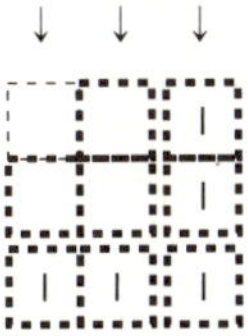

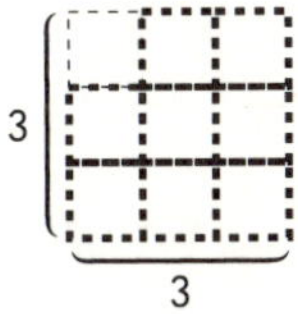

蘭「あら、さっきと同じ考え方の面積図が並んでいるわ」

要「②では、式の中に新たな奇数の5が出てきたら、面積1の正方形がちょうど5個出ているぜ」

蘭「②'の方もその新たな5個が、周囲をうま～く囲んでいて、3回目の正方形を作っているわ」

昇「ほらね、奇数の3個目の5が出てきたから、《1＋3＋5＝3×3＝9》という式が成立するわけさ」

彩「でも、まだ2回しか試してないじゃん。次の＋7でどうなるか、見てみなきゃ信用できませんね」

要「さすがさすが、そこまで疑うのが科学的な態度なのかもね」

③　1＋3＋5＋7＝16　③'　4×4＝16

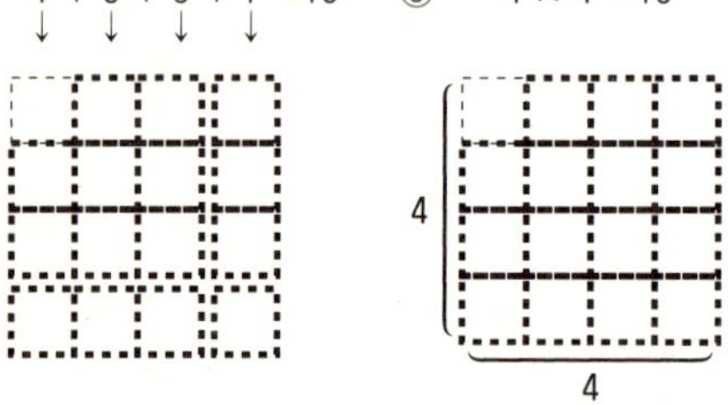

昇「サ～　これで納得してもらえたかな……」

博「これ、本当におもしろいや！　図を見ていると、もっと続けたいくらいだね」

彩「それよりも、もっとほかに聞きたいことがあるわ」

要「僕もだね」

蘭「あたしはね、奇数列でできるんだったら〈偶数列の和〉も、できないかな～と思って……」

博「おれは、さっき誰かが言っていた〈ガウスの工夫〉ってのが知りたいな」

偶数列も絵で解こう

和のはずが積で一発解答

問題

紫苑「偶数列の和って、前にやってな〜い？」

竜太「あれは、奇数列だったぜ」

英二「でもさ、偶数列は掛け算にできないって聞いたけど」

紫苑「あら、おもしろいじゃん。できるか、できないか、やってみようよ」

竜太「もともと、足し算の答を、掛け算で求めるっていうのが無理なんだから、ダメもとでやってみようか」

英二「それじゃあ〈2から20までの偶数列の和を、積で求める〉という問題にしよう」

……下記の偶数列の和を積で求めなさい……

2＋4＋6＋・・・・16＋18＋20＝○×□

紫苑「奇数列の場合は、1㎠の正方形を描いたけれど、偶数列の場合はどうしたらいいのかな～」

竜太「他にいい案も浮かばないから、とりあえずそれでやってみようよ」

偶数列の最初の2を表す

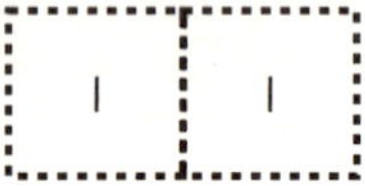

英二「奇数の場合は1の次が3で、3が1の周りをうまく囲んだけれど、偶数ではうまく囲めないのかな～」

紫苑「そうなんでしょうけれど、描いてみなきゃあ分からないじゃん」

竜太「とりあえず描いてみようぜ」

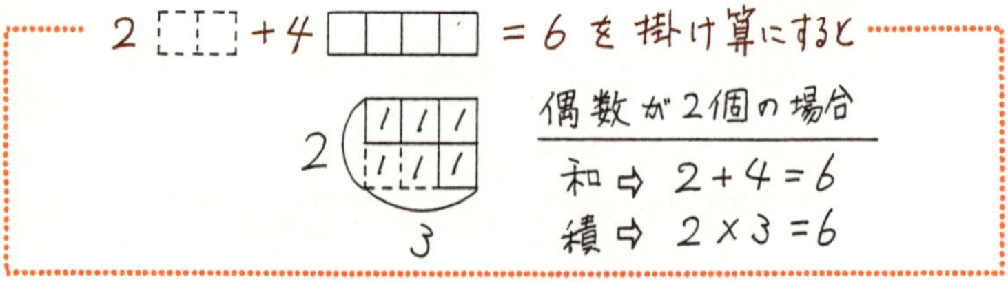

紫苑「アラ～ッ！　うまく囲めたじゃない」

英二「でも奇数のときは、奇数が２個だったら、積の式は２の２乗で分かりやすかったけど、こんどの［偶数が２個の場合］は、《２×３》になって、分かりにくいな～」

竜太「もう１回、《２＋４＋６》まで描いてみようぜ」

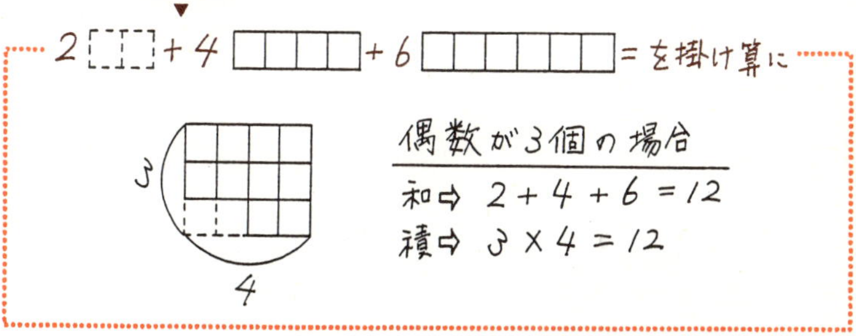

英二「さっきは《２×３》で、こんどは《３×４》になっているんだけれど、何か統一されたルールはないかな～」

竜太「アッ　メ～ッケ！」

紫苑「なに　なに」

竜太「偶数が２個なら《２個×(２個＋１)》
偶数が３個なら《３個×(３個＋１)》
もし偶数が４個なら《４個×(４個＋１)》
になるし、

偶数が５個なら《５個×（５個＋１）》

になるはずだぜ」

紫苑「へ～ッ！　おもしろそうだわ。絵ん分

図で確かめようよ」

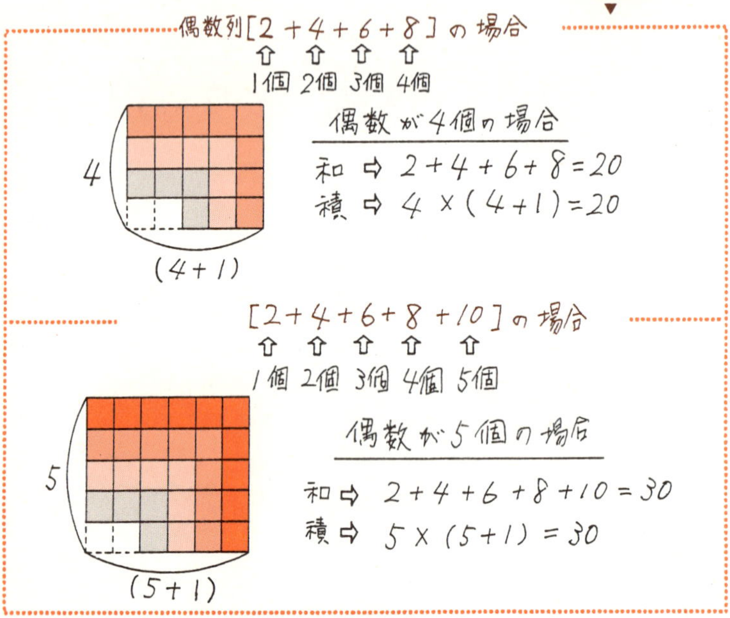

竜太「ほうらね。言った通りになっているだ

ろう」

英二「偶数の個数と、個数＋１の積が偶数の

和になるってことなんだ」

紫苑「ヤッタ～　これで問題に答えられるわ

ね」

竜太「２から20までの偶数の和といえば、偶数は10個だね」

英二「なんで10個ってすぐ分かるの？」

竜太「だって偶数は全体の半分だから、20の半分は10に決まってるじゃん」

英二「あっそうか。10個ってことが分かれば、あとは簡単だね」

紫苑「そうだわね。これでどうかしら」

2～20までの偶列数の和

20÷２＝10←偶数の個数

10×（10＋１）＝110

答　110

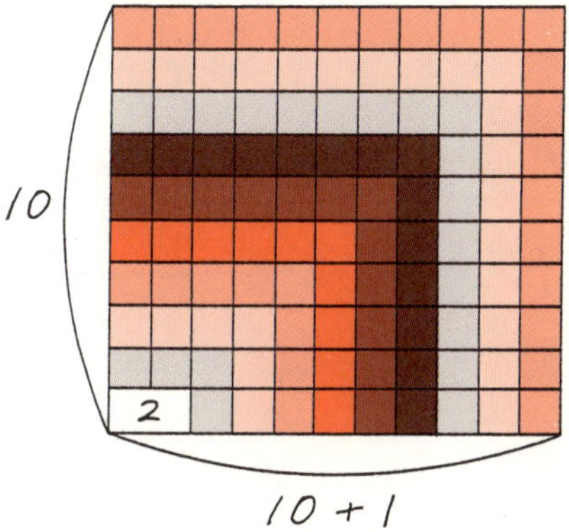

繰り返しの規則性は

玉をつかむ龍は何匹

問題

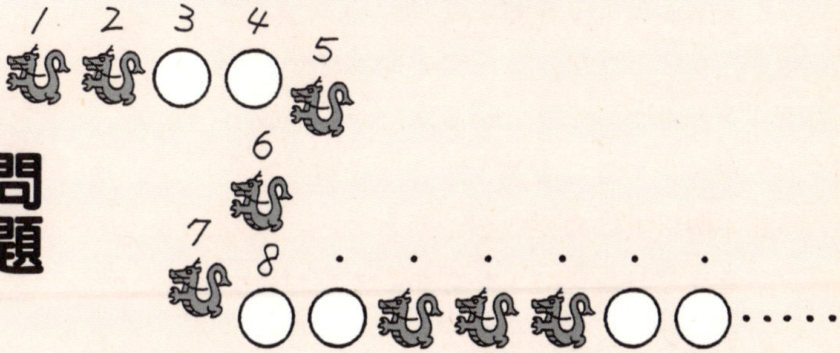

問題1

龍と玉が一定のルールで並んでいます。左から33番目は龍か玉のどちらですか。

問題2

その33個のうち、龍は何匹いますか。

※順に絵を描いて数える方法は、解けないときにして下さい。

問題1

二郎「周期のルールって言ったって、玉が2個ずつと龍が3匹ずつ、という並び方にしか見えないけど」

太郎「いや、それは半分しか当たってないぜ」

三郎「なんで、そんなルールを調べるの？」

太郎「だまって座ればピタリと当たるって言うだろう。問題1で聞いているんだから、ピタリと当ててみせようぜ」

二郎「そうだそうだ、こんなの簡単だぜ」

陽子「龍と玉からできているんだから、最小グループにしても龍2匹と玉2個とで合計4個以上は必要でしょう」

麻衣「そうだわね。No.1からNo.4までが最小グループだけど、4個グループにしたら次のグループ作りができないわよ」

陽子「そうね、No.7が邪魔だわね」

二郎「それじゃ、どうするの？」

太郎「4個でダメなら、5個にするっきゃないだろう」

二郎「そうしよう、そうしよう。5個で決まり！」

陽子「何か、分かりやすい調べ方はないのか

な～」

太郎「あるさ。カレンダー方式なら、すぐ分かるぜ」

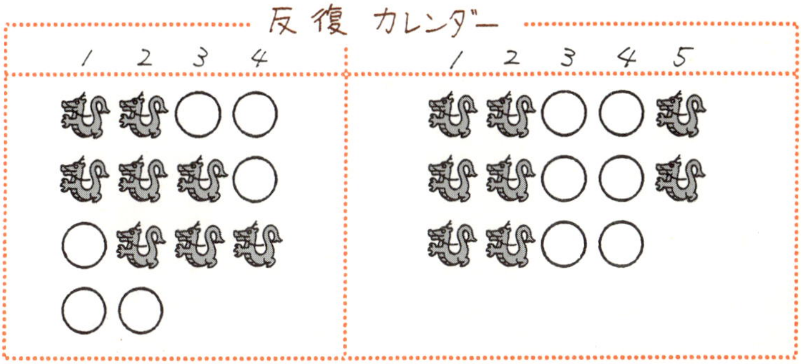

麻衣「4個の周期では、同じパターンの繰り返しにはなっていないわね」

三郎「なんでそんなことが言えるの」

麻衣「カレンダーという以上、日曜日にはみな同じ色が揃わないとね。だから4個周期ではないわよ」

陽子「その点、5個周期の方は、毎週、完全に同じパターンで揃っているわね」

太郎「そう、この問題には式はないけれど、カレンダーにしてみると、5個周期のように同じグループの繰り返しってことがすぐ分かるのさ」

二郎「それが答なの？」

太郎「い～え、No.33は龍か玉か、というのが問題１だから、33個目は何番目のグループに属するかってことを、まず調べることが必要だね」

陽子「要するに、33個を５個で割れば、５個グループがいくつあるかが分かるってことでしょ」

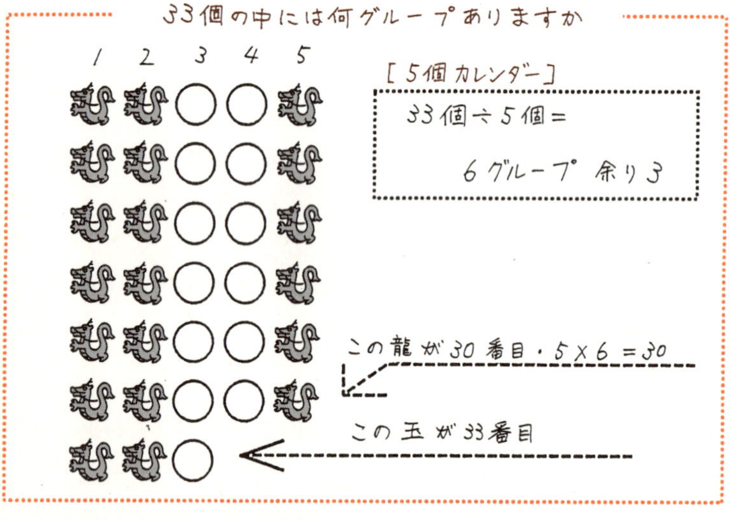

太郎「その通り。その返事がこの上の表だよ」

麻衣「右の式がグループの数を計算する式なのね」

陽子「答が《6グループ　余り3》なんだから、33番目は7グループの中に入っているのよ」

二郎「絵を見ながら式を見ると、よく分かるな～」

太郎「6グループの最後尾は30番目で、龍ってことになるぜ」

三郎「どうして？」

太郎「《５×６＝30》だからさ」

三郎「33番目は何になるの？」

太郎「５個周期のカレンダーを見れば分かると思うけど、各グループの３番目は《玉》なんだから、33番目は《玉》なのさ」

答　33番目は《玉》

問題2

麻衣「初めっから数えれば一番簡単じゃん」

陽子「そんな乱暴なことをしちゃダメよ」

麻衣「じゃ、どうするの？」

陽子「前の５個周期のカレンダーを見れば、式だってすぐ考えつくでしょ」

麻衣「１グループは〈龍が３匹、玉が２個〉でできているわ」

陽子「だから、２グループならそれぞれ２倍になるじゃない」

麻衣「フムフム、６グループだったら龍は、３の６倍ということになるのかな」

太郎「７グループ目の龍２匹も加えることを忘れないで」

３匹×６グループ＋２匹＝20匹
答　20匹

5本の指をよく見りゃ分かる

36階まで何秒かかる

問題

エレベーターで1階から5階まで、途中止まらずに行くと、20秒かかりました。

では、1階から36階までは何分何秒かかりますか。

洋「ああ、これなら僕だってできるぜ。１階昇るのにかかる時間は《20秒÷５階》でしょう」

秀「その返事は置いといて、ここに手が描いてあるけど、指は何本あるかな」

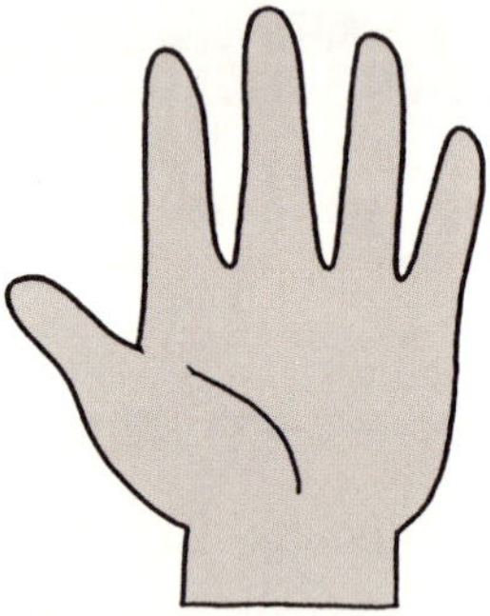

洋「フムフム　どうも人をバカにしてるようだぜ」

香「５本だって、素直に答えればいいのよ」

秀「そうだよ、別にバカになんかしていないよ。何でも基本が大事だと言いたいのさ」

洋「分かったよ。これからどう考えるといいの？」

秀「指は５本あるんだけれど、その指と指との間はいくつある？」

香「４カ所に決まってるじゃん」

秀「そこだよ、それをちゃんと覚えておいてよ」

舞「それがエレベーター問題と何か関係があるの？」

秀「大ありなのさ」

秀「今度の絵は、さっきの５本指を横にして見ている、と考えればいいのさ」

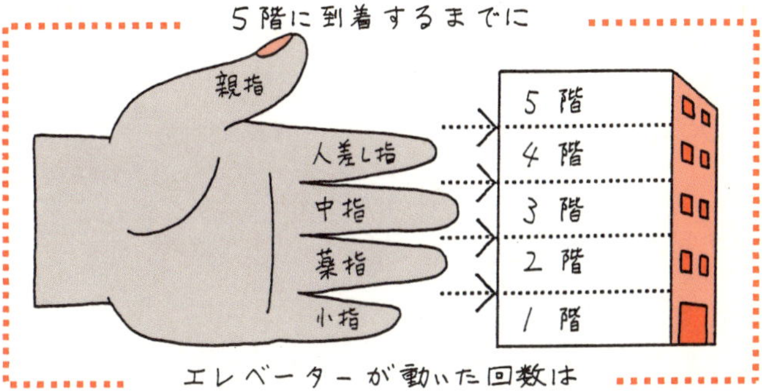

舞「な～るほど。ビルの階数を指だと考えて〈エレベーターが動いた回数が指の間の数と同じだ〉と思えばいいのね」

洋「そんなことが、この問題に何の関係があるの？」

香「大ありだわよ。一つの階から次の階に着くまでの時間が、時速や分速にあたる［速さ］で、言うなれば［階速］とでも考えればいいのね」

舞「だから指の本数にこだわっていたのね」

秀「指の本数と、指の間との関係は
《指－１＝間》が普通さ」

洋「ハハ～ン　だから最初の僕の式に返事しなかったのか」

秀「ウフフフ　さすが洋君、よく自分で気がついたね」

階速

指5本－1＝間が4つ

✕ 20秒÷5本　◎ 20秒÷4つ＝5秒／階

洋「さ～［階速］が出たんだから、あとは簡単だぜ」

舞「そうだわね。［階速］の5秒と36階の積を求めればいいのね」

香「ほら～すぐ忘れる～　〈指の間〉はいくつなの？」

舞「あら、そうだったわ。じゃあ、これでどうお」

1階から36階までは

36階－1＝35の間

5秒×35回＝175秒　175秒÷60秒＝2分55秒

答　2分55秒

直線と円との差は？

池の周りのクイは何本

問題

問題1

公園の入口から池までの道は直線で、道の中央の分離帯には端から端まで15本の桜の木が植えてあります。そして、その木と木の間はすべて10メートルに統一されています。

入口から池までの距離は何メートルですか。

問題2

この池の周囲には5メートルおきにクイが打たれてあり、周囲の距離は160メートルです。

クイは何本打たれていますか。

※木やクイの太さは考えません。

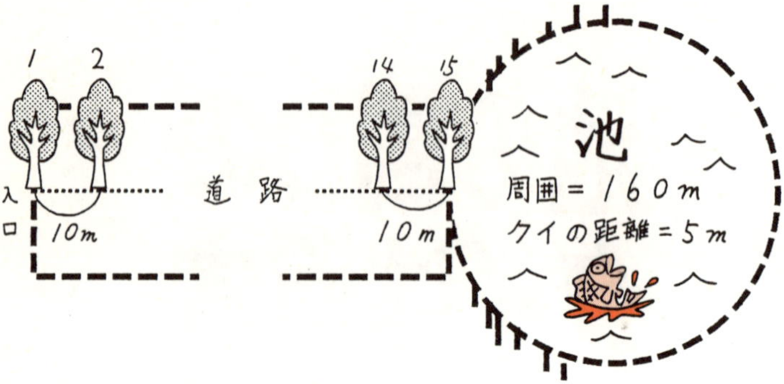

問題1

敏「10メートル間隔で、15本の木が並んでいるんだから、《10×15》で決まりだろ」

愛「何の根拠もない式を作っちゃだめよ」

敏「根拠あるじゃん。問題に書いてある数だもんね～」

愛「出てきた数をただ掛ければいいというもんじゃないでしょ」

敏「へへへ　そりゃそうだな」

茜「ジャジャ～ン　これは片手の５本の指と、指の間の数との問題だわよ」

正「指と指との間は、指の本数より１本少ない数になるのさ」

茜「だから木が15本なら、間は14カ所になるわよ」

木の本数と木の間の数との関係

15本－1＝14ヵ所

正「ということで、この直線道路の距離はこうなるぜ」

直線道路の距離は

10メートル×14ヵ所＝140メートル

まとめた式

10×（15－1）＝140

答　140メートル

問題2

愛「これもさっきと同じで、クイとクイとの間はクイの本数より、1少ない数になるんでしょ？」

正「その返事はちょっと置いといて……」

愛「エ～ッ　また～置いとくの～？」

正「ウフフ　四ツ葉のクローバっていうのがあるでしょ」

愛「それくらい知っているわよ」

正「じゃあ、葉っぱと葉っぱの間はいくつあるかな」

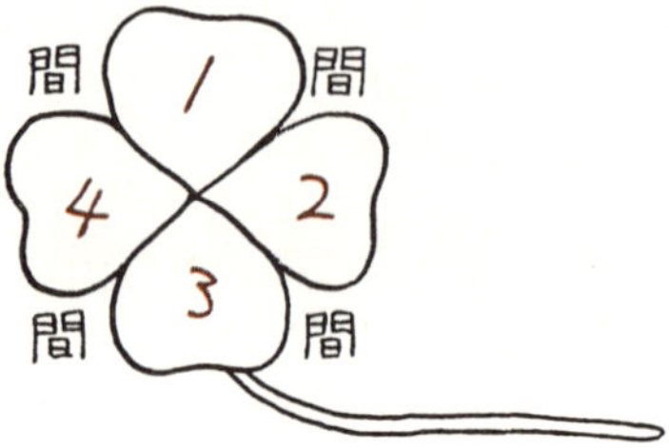

敏「アレ〜ッ　さっきと違うぜ」

愛「葉っぱの数と、間の数とが同じじゃん」

茜「そうしたら、もう何も考えずに式が作れるじゃん」

敏「つくろう、つくろう」

池の周りのクイの本数

160メートル÷5メートル＝32本

答　32本

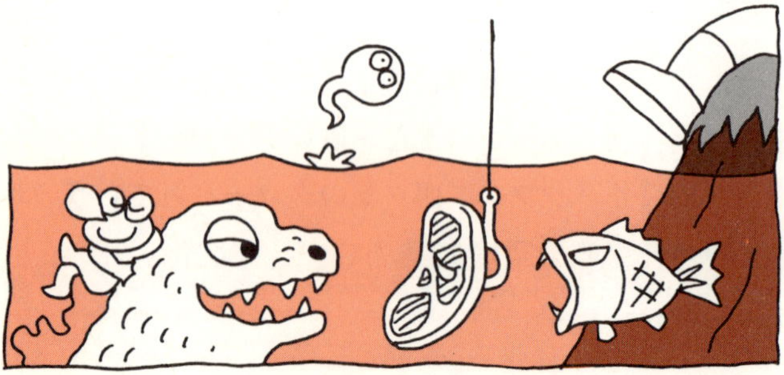

別れは再会の始まりさ

池を回って いつまた会える

問題

さやかさんはお母さんと一緒に、植物園に散歩に行きました。園の中には、周囲が4キロメートルもある大きな池があり、その途中には休憩所があります。2人は、この休憩所を出発点として池を一周したいと考えました。

ただし母は東へ向かい、さやかさんは西へ向かい、進む方向は正反対で、速度もそれぞれ違いました。

母は分速115メートル、さやかさんは分速135メートルで歩くことにし、2人は同時に出発しました。

この2人が池の周りで初めて出会うのは、出発してから何分後ですか。

優「簡単だね。池の周囲の４キロから、２人の分速を１回ずつ引けばいいじゃんか」

昭「でも、何回も引き算をしなきゃならないから面倒だね」

忍「分かったわ。同じ引き算を繰り返すときは割り算すればいいのよ」

明「だいぶん分かってきたから、線分図を作ってみようか」

勉「それにはまず、池の円を直線にしなきゃならないぜ」

明「線分図は直線の方が分かりやすいわね」

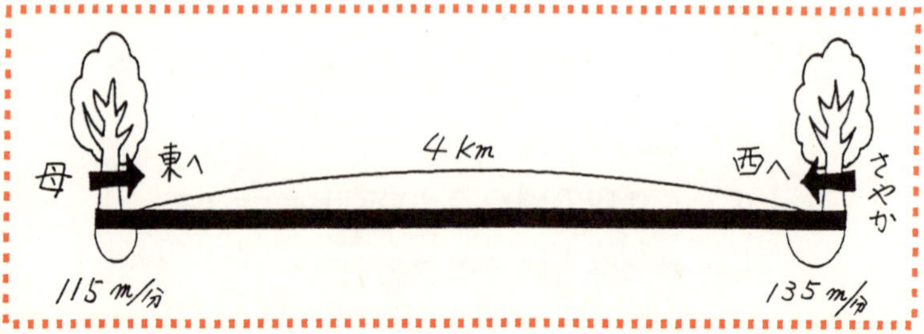

忍「これでどうかしら。出発点の休憩所を２つに切ったら直線になったでしょ」

明「それからどうなるの？」

忍「４キロ離れた２人が、１分ごとに《115＋135》メートルずつ近づくわけね」

勉「ここで割り算になるわけだね」

２人が出会うのは何分後

４キロメートル÷（115＋135）メートル
＝16分

忍「できたわね。16分後に２人が出会うのよ」

問題の答え ▶ 答　16分後

3章

マッハも聞きたがる！

速さ

東洋の多彩な速さには
西洋の科学を超える智慧がある。

マッハ
Ernst Mach（1838-1916）
分子運動論に基づく研究、超音波の実験的研究で知られる。これは航空機の設計や射出物の科学に重要で、気体の流れと音の速度の比に彼の名前が使われている。

全体の差は分速の差

国盗り物語

【王冠は東か西か】

ある国の王様には、仲の良い2人の王子がいました。智恵も武勇も慈悲の心も同じように優れていました。

王様は2人を呼んでこう言いました。

「私の寿命はもういくばくもない。そこで、あの山の稜線でこの国を東西に分けたから、2人で仲良く分けるがよい。ついては、山の頂上に王冠が2個置いてあり、王冠には東西の文字がそれぞれに刻み込まれてあるから、どちらか望む方を先に到着した者から取るがよい。」

2人の王子は相談をして、東の登山口からは

A王子、西からはB王子が頂上を目指すことになりました。もちろん、距離は両方とも同じになるように、スタートラインが設けられました。

問題

A王子とB王子はそれぞれのスタートラインを2人同時に出発しました。A王子は分速82メートルで進み、16分後に頂上に着きました。しかし、そのときB王子は頂上まで、あと240メートルの地点にいました。
B王子のスピードは分速何メートルだったでしょうか。

※進む速さは常に一定ということにします。

杉「分速が分かっていても、走った距離が分からないんじゃAとBを比較できないよ」

松「そうだ　そうだ」

桃「ヤ～イヤ～イ　解けないんでしょ……」

桜「でも分速と時間が分かれば、距離は求められるわよ」

桃「ほうらね、自分で求めなきゃ……」

【初級編】

A王子が走った距離

82メートル×16分＝1312メートル

杉「これからあとは、どうするのさ」

桧「だいたいは想像つくけど、いちおう線分図で確認しながら解いてみようか」

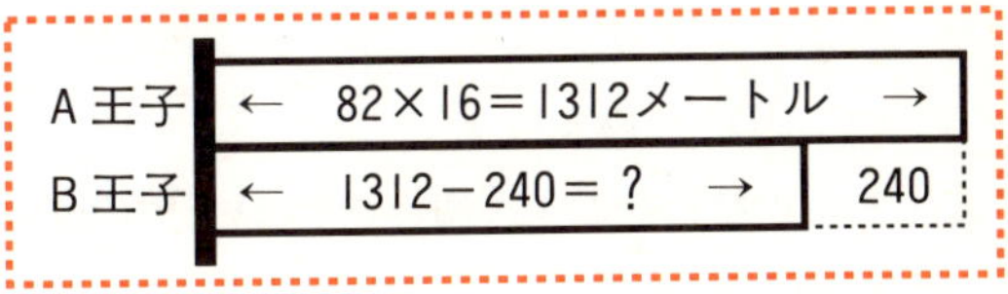

桜「線分図を見ただけで分かっちゃった」

杉「何がさ」

桜「だって、B王子の走った距離が分かるじゃない」

杉「距離が分かっても、どれだけのあいだ走ったかがハッキリしなきゃ解けないぜ」

B王子が走った距離

1312メートル－240メートル＝1072メートル

桧「これで距離は分かったし、あとは1072メートルをA王子の走った時間＝16分と同じ時間でB王子が走ったのだから、16で割ればいいんだよ」

B王子の分速

1072メートル÷16分＝67メートル／1分間

答　分速67メートル

桜「ヤッタ～！　意外に簡単だったわね」

【上級編】ステルスの速さ

松「簡単といえば、もっとステルス級の速さで解く方法もあるけど」

桧「それ、もしかして〈個々の差が全体の差〉って考え方？」

松「さっすが～　それが分かれば、天才型IQだね」

桃「もったいぶらないで、サッサと教えてよ」

松「ABの差でハッキリしていることは？」

桧「16分経過すると、240メートルの差ができたということかな」

杉「その通り」

松「とすると、１分間にできた２人の差は、簡単に求められるよね」

桜「すごいわ、思いもつかなかったわ」

桃「さっそく計算しましょうよ」

桜「あわてないで、落ち着いて。線分図で確認しましょうよ」

ＡＢ２人の分速の差

240メートル÷16分＝15メートル／１分間

ＡＢ２人の間にできた距離の差は

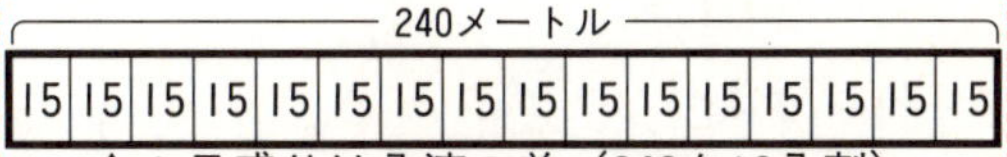

↑ １目盛りは分速の差（240を16分割）

桜「上の図がＡとＢの差240メートルで、それを16分ずつに分けたのね」

桧「そう。それは下図のＡＢの差が16個集まってできた結果なのだ、という考え方なのさ」

ＡＢ２人の分速の差

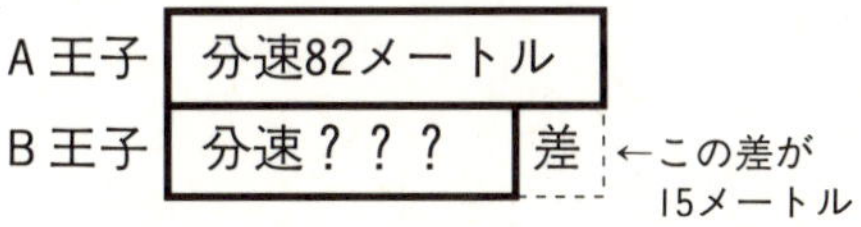

桜「そうすると、Aの分速から差の15を引けばいいのね？」

桧「そう。この考え方に慣れれば、いろんな問題に応用できると思うよ」

Bの分速は

82m／分－15m／分＝67m／分

答　67m／分

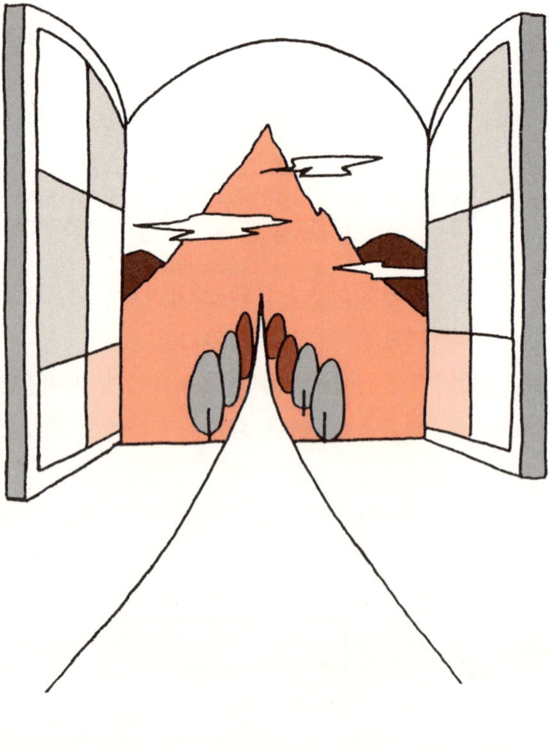

速さの基本概念の一つ

追いつけ
追い越せ急行電車

問題

A駅には時速90キロの普通電車が、B駅には時速130キロの急行電車が停車しています。A駅とB駅との間の距離は140キロで、2電車の位置は、急行が普通を追いかける状態です。この2つの電車が、同時に同方向に向かって出発すると、急行が普通に追いつくのは、何時間後ですか。

※列車の長さは考えません。

弘「いくら急行が速いっていっても、140キロも追いかけるなんて疲れるよ」

実「なに言ってるんだよ。電車が追いかけるんだから、疲れるわけがないでしょうが」

隆「解けないから、あんなこと言ってるのさ」

実「とは言うけど、どうやって解けばいいのかな～」

隆「かんたん、かんたん。例の図さえ描ければね」

実「速さというと単位が基本になっているから、全体の差は、単位の差に着目するといいんだね」

弘「な～るほど、いいこと聞いたっと～。で、どうするの？」

隆「もう～！　図を描くんだよ」

弘「分かった分かった。そんなにカリカリすると体によくないよ」

弘「ほうら、これでどうお？」

実「半分はできたようだね」

弘「エ～ッ！　まだあるの～？」

実「これは全体の差でしょう。単位当たりの差が描いてないよ」
弘「それって何のこと？」
実「次の図を見てごらん」

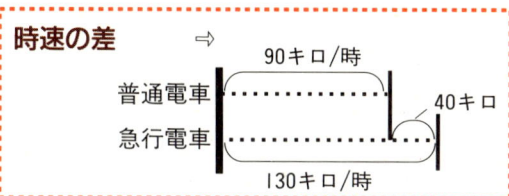

時速の差

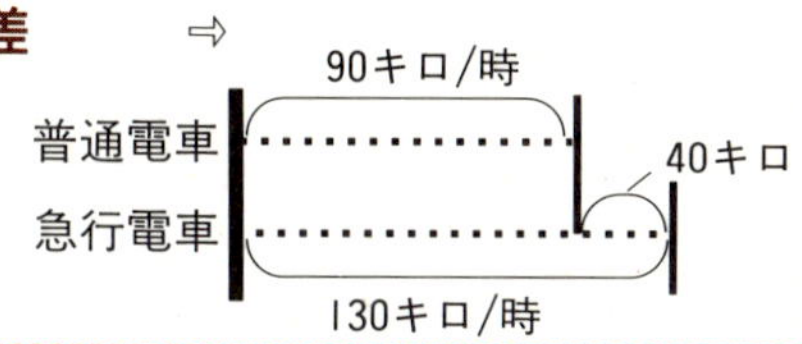

弘「いったい、これな～に？」
隆「これはさ～　普通と急行とが同時に出発して１時間たったときに、急行が何キロ先に行っているかということを、図にしたものさ」
弘「でもこの問題は、追い抜くのではなく、追いつくってことじゃないのかな」
実「フフフ　この図を左から右へ進むと考えれば⇨⇨40キロ追い抜くんだけど右から左へ進むと考えれば⇦⇦40キロ追いつくことになるでしょ」
茂「フ～ン　線分図とか絵ン分図って、説明を聞かなくっても見ただけで分かるようになっているんだね」
隆「でも、これからが僕にもよく分からないのさ」

弘「1時間ごとに、間が40キロずつ近づいてるってことさ」

茂「その話をまた、図にしてくれないかな〜」

1時間ごとに近づく電車の間の距離

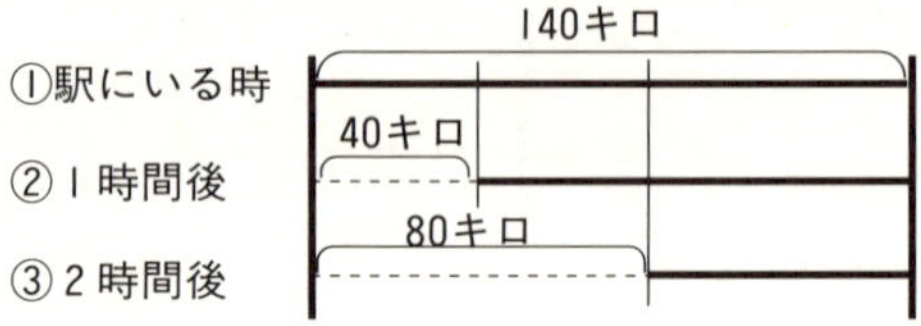

実「1時間ごとに40キロ近づくってことを図にすると、こういうことになるのさ」

茂「ピリピリっときたね〜。単位（1時間）ごとの差と、全体の差〜という意味がホントに分かったような気がするよ」

弘「それはいいけど、答はどうなってるの」

茂「エ〜ッ　まだ言ってるの。それはこうさ」

追いつくまでの時間

140キロ÷(130キロ－90キロ)＝3.5時間

答　3.5時間

実「140キロの中に、1時間で追いつく40キロが何回あるのか、ということさ」

弘「3時間半かかったら追いつくんだ。こんなことが計算で出せるだなんて、算数ってたいしたもんだね」

分速の差それが角度

長針・短針が舞う文字盤

問題

問題1

ちょうど正午になりました。時計の文字盤上で、1分後に、長針と短針とが作る角度（小さい方の角度）は何度ですか。

問題2

3時ちょうどに長針と短針とが作る角度（小さい方の角度）は90度です。ではそれ以後、長針と短針とが初めて90度の角度を作るのは、何分後でしょうか。

問題１

総「これは時間と角度の問題だから、まず１時間単位の角度から考えてみようか」

清「フムフム　そりゃいいことだ」

総「長針は１時間に文字盤を１回りするんだから、進む角度は360度だね」

歌「短針は１時間で30度進むわよ」

泉「なんでそんなことが分かるの？」

歌「だって～　短針が360度の１周を回るのにかかる時間は12時間だから、短針が１時間に進む角度は30度でしょ」

短針は１時間に何度進むか

360度÷12時間＝30度／１時間

歌「これで長針と短針の１時間の角度が分かったわね」

清「こりゃたいしたもんだ」

時間の針が１時間に進む角度と追い越した角度

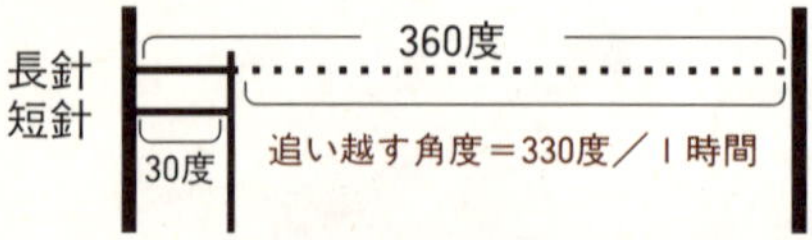

総「よく分かったけど、問題1は〈1分後の追い越し角度〉なんだから、時間単位が分かっても、答にはなっていないぜ」

歌「1分単位で比べるとなると、1時間は60分だから、式はこうなるわよ」

長針の追い越し角度／1分間
360度－30度＝330度／1時間
330度÷60分＝5.5度／1分間

泉「なんでここに330度が出てくるの？」

歌「長針の追い越し角度は1時間で330度だから、1分当たりならそれを60で割って当然でしょ」

清「ナ～ルホド！　さすがさすが～」

豊「でも、質問は〈長針と短針が作る角度〉なんだぜ」

総「そう、その〈長針と短針が作る角度〉が〈追い越した角度〉に相当するのさ」

答

1分後にできる長針と短針の角度＝5.5度

問題2

豊「長針と短針の間の角度は、３時には90度になっているんだね」

清「そうだそうだ、その通り」

泉「それから、長針が短針を追い越して、初めてまた90度を作るというんだから、３時半にきまってるわよ」

歌「ウッソ～　長針が30分進めば、短針だって３時と４時の真ん中には進んでいるはずよ」

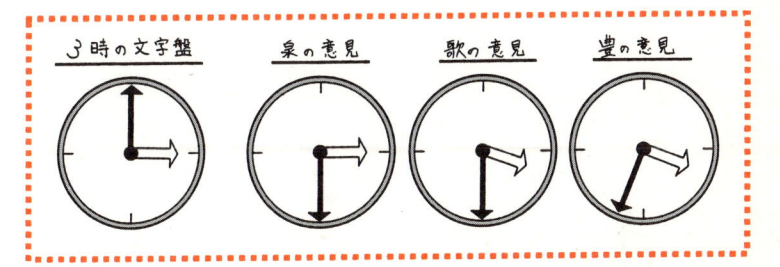

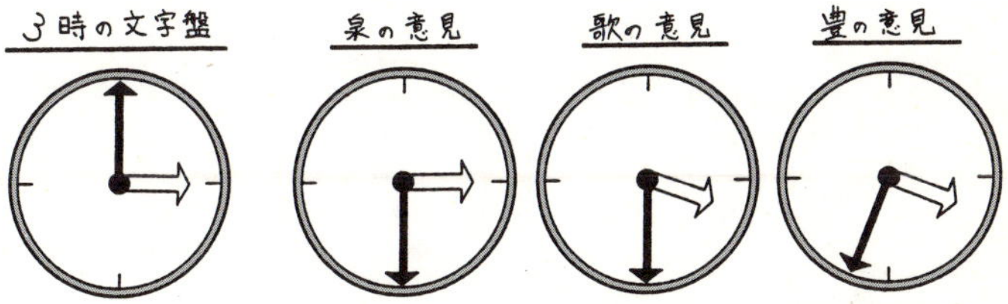

豊「歌ちゃんの場合には、長針と短針が直角じゃないから、長針が直角になるまで少し動けばいいんじゃないの」

清「そりゃそうだぞ」

泉「でもやっぱり、正確な数字を出せなきゃ、答になってはいないわね」

歌「問題１で勉強したことを、ここで使えばいいのよ」

豊「どうやって？」

歌「これは長針と短針の〈追いつけ・追い越せ〉なんだから、

①まず、追いつけ＝長針が短針と重なるまでに、追いつくべき角度は90度。そしてそれに必要な時間は？

②次に、追い越せ＝長針が短針を90度追い越すと考え、そのために必要な時間は？

という順序で考えればいいんじゃな〜い」

ここがポイント！

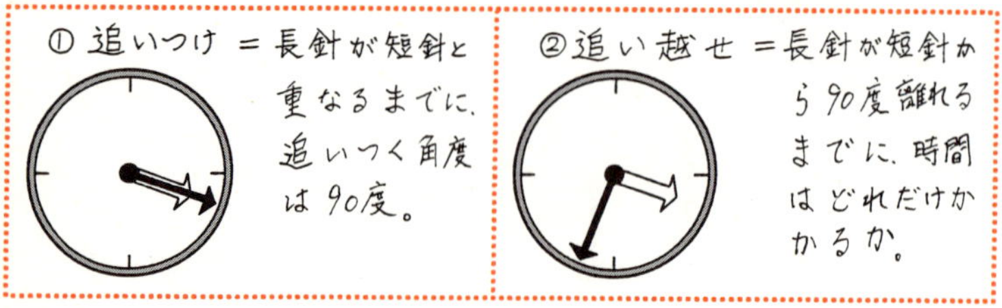
① 追いつけ ＝長針が短針と重なるまでに、追いつく角度は90度。
②追い越せ ＝長針が短針から90度離れるまでに、時間はどれだけかかるか。

泉「どうしても納得できないのが、①の場合に〈90度追いつけっていうのに、その長針は初めの位置から90度以上は進んでいる〉ってことなのよ」

総「そりゃ当たり前だよ。それは〈短針が静止していれば90度追いつくためには、90度進めばいいんだけれど〉時計の短針も進んでいるから、その分だけ時間はかかるのさ」

清「そうだよ、短くっても動いているんだよ」

泉「〈追いつけ・追い越せ〉って、2段階に分けているけれど、どうして～？」

総「計算をするときには分ける必要はないけれど、理解しやすいように2段階で説明しただけさ」

豊「で、どんな式になるの？」

総「追いつけが90度、追い越せが90度、合計180度の中に、5.5度が何回あるかを求めればいいのさ」

泉「ちょい待ち。その5.5度って何なの？」

歌「さっき、ちゃんと式で求めたでしょ。長針が1分間で短針に追いつく角度でしょ」

泉「線分図にはしてないよ～」

歌「じゃ～描くから、ちゃんと見てよ」

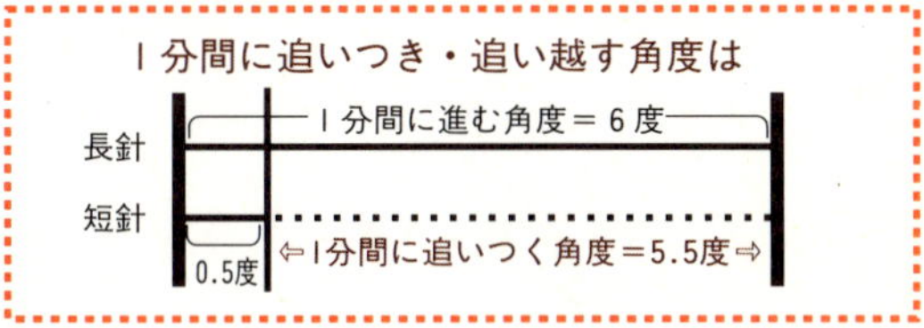

豊「式はその180度を、その5.5度で割ればいいのかな」

長針と短針が直角になるとき

90度×２÷5.5度＝$32\frac{8}{11}$分

答　$32\frac{8}{11}$分後

動く歩道と同じなのさ

ボートで川を上下したら

問題

清流川の上流にある幸福村と、下流の大漁《たいりょう》港は45キロ離れています。その間をモーターボートで往復したら、上りには5時間、下りには3時間かかりました。
この川の流れの速さ（時速）と、ボートの速さ（時速）を求めなさい。

※川とボートの速さは、常に一定だと考えて下さい。

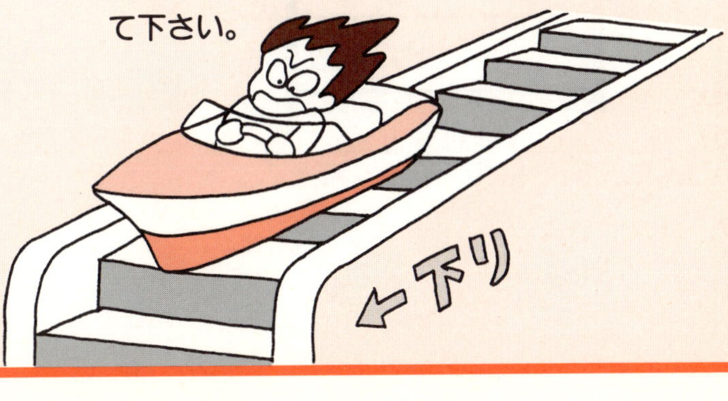

のぞみ「私、速さって弱いな～。いったい速さって何なの？」

タケシ「ハヤイ話が、速さっていうのは〈距離〉のことさ」

のぞみ「エ～ッ　距離が速さなの～っ　ウッソ～」

タケシ「逆に言われると困るけど、〈時間に関係のある距離〉と言った方が、分かりやすいかもね」

のぞみ「なんとなく分かったけれど、まだ雲をつかんでいるような気がするわ」

タケシ「それじゃ、速さを図にしてみようか」

のぞみ「ウッソ～　飛んで行く速さがどうして図になるの。そこのところが分からないわね～」

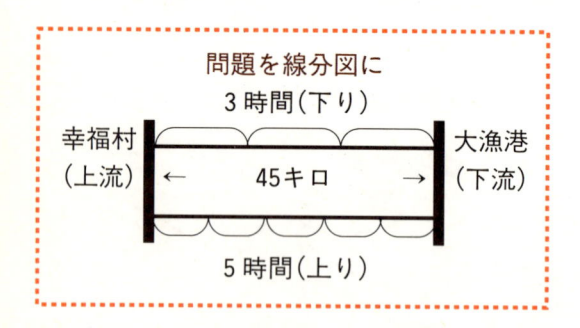

問題を線分図に

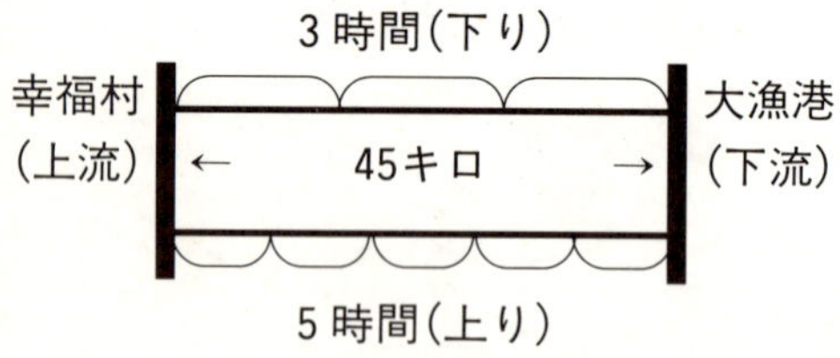

タケシ「図ができたところで、まず上り・下りの時速を出してみようか」

のぞみ「だって、それはボートと川の時速がごっちゃになっている時速なんでしょう？」

タケシ「あわてない、あわてない。仕上げをごろうじ」

上り・下りの速さの比較

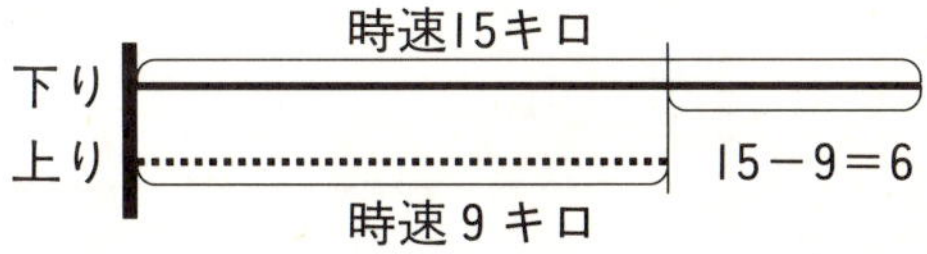

のぞみ「ほうら、やっぱり。ボートの速さか、川の流れの速さなのかさっぱり分からないわね」

タケシ「下りのときは、ボートの時速に流れの時速が加えられるし、上りのときには、ボートの時速から、流れの時速が差し引かれる、と思えばいいのさ」

のぞみ「そりゃそうだわね」

タケシ「そこで今度は、川の流れの時速と、ボートの時速とを比べるのさ」

上り・下りの時速の比較図

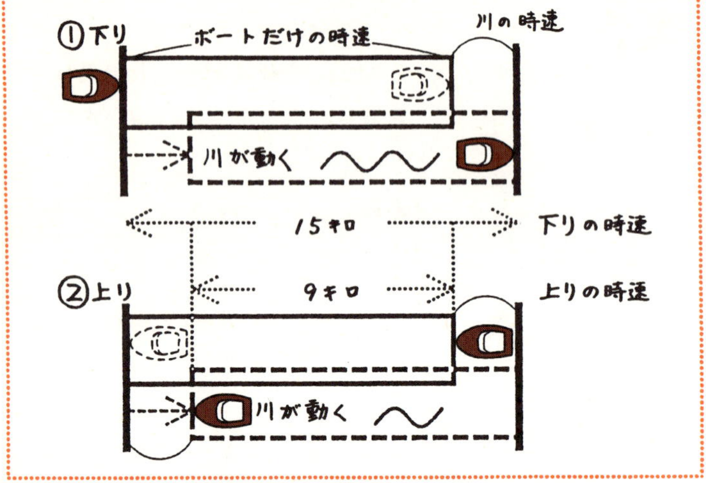

タケシ「①は下りの図で、川が動く歩道のように動いたと思えば、その分だけ前に進んだことになるんだよ」

のぞみ「それが、時速15キロになるのね」

タケシ「②の上りのときは、川がボートを押し戻すことになるので、時速9キロというのが、図のような形になるんだぜ」

のぞみ「線分図だと、ほんとによく分かるわね」

タケシ「だから、15キロから9キロを引いた6キロが、川の速さってことになるんだよ」

のぞみ「川の時速が６キロっていうこと？」

タケシ「いやいや、②の図でも分かると思うけど、６キロの半分が、川の流れの時速になるのさ」

川の時速

（15キロ－９キロ）÷２＝３キロ

答　川の流れの時速は３キロ

のぞみ「でも、ボートの速さはどうなるの？」

ボートの時速

９＋３＝12　あるいは　15－３＝12

答　ボートの時速は12キロ

時速じゃなくて秒速を考えよう

電柱を通るのに何秒かかる

問題

先頭から最後尾までの長さが100メートルの新幹線が、いま時速180キロの速度で走行しています。

この新幹線が、線路わきにある１本の電柱を通過するには何秒かかりますか。

※電柱の太さは考えないことにします。

結花「エ～ッ！　これって簡単そうだけど、
何が何だか分からない問題だわ」

真吾「時速180キロの速度というのは、１時間に180キロの距離を進むってことぐらいしか知らないね～」

結花「フ～ン 速さって距離のことなんだ～」

真吾「やっぱし、図を描かないと、僕には無理だよ」

結花「私も分からないけど、とにかく描いてみましょうよ」

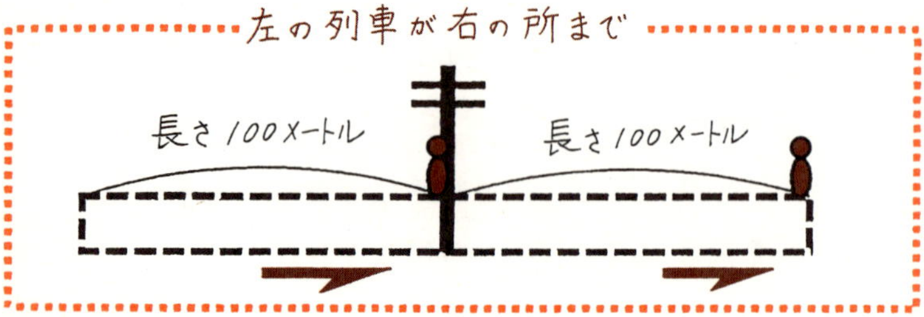

真吾「何か足りないんだよな～」

結花「あの列車の先頭に立っている丸いのが、私だわ」

真吾「なに遊んでるんだよ。考えなきゃダメでしょうが」

結花「ア～ッ！分かったわ。私をよく見てよ」

真吾「なに気取ってるのさ。どうかしたの？」

結花「時速180キロの列車が電柱を通過するとき、先頭に私が乗っていたと考えればいいのよ。図の通りにね」

真吾「なんでさ」

結花「そうすると、私が時速180キロで100メートル走ったと同じことになるの」

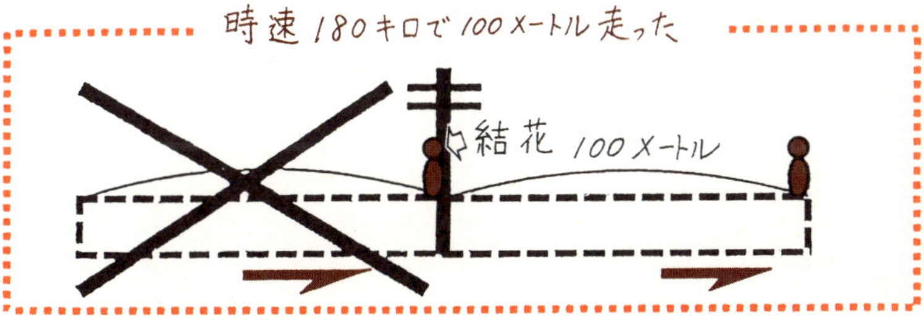

真吾「ナ～ルホド、では距離の100メートルを速さで割れば、かかった時間が分かるってことか」

結花「でも時速のキロと、距離のメートルとでは差があり過ぎるから、時速を秒速ぐらいにしないとね」

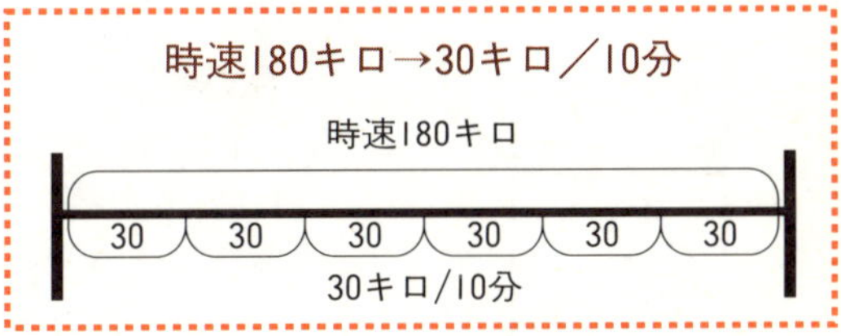

結花「時速180キロなら秒速はこうなるわね」

列車の秒速は

180キロ÷60分＝３キロ／分

3000メートル÷60秒＝50メートル／秒

真吾「うまいうまい。秒速が50メートルなら、結花ちゃん〜いや違った〜新幹線なら、100メートルを何秒で進んだことになるの？」

100メートル÷50メートル＝２秒

答　２秒

4章

割合・倍数

デカルトもびっくり！

割合や歩合など、表現の豊かさに日本人の思考の大きさを感じる。

デカルト
René Descartes（1596-1650）
数学・天文学・気象学・解剖学・光学を研究した。懐疑から出発し確実なものを積み重ねて体系化するという哲学は、多くの科学者に影響を与えた。

テンビン解法で一発解答

あの懐かしい食塩水問題

問題

200グラムの真水に、12%の濃度の食塩水を加えて、4%の濃度の食塩水を作ろうと思います。

そのためには、12%の食塩水を何グラム混ぜればよいでしょうか。

母「まぁ懐かしい問題だわね。昔を思い出すわ〜」

理恵「食塩水の問題は、あんまり好きじゃないわ」

圭太「僕、この解き方知ってるね」

母「まぁ、すごいわね。こんなややこしい問題を解けるなんて」

圭太「簡単なんだよ。テンビン法といって、テンビンの絵の中に□を描いて、その□の中に問題の中の数量を記入していけば自然に答が出てくるのさ」

理恵「なんだか怪しげな解き方なんじゃないの。先生も友達も簡単だって言う人は1人もいなかったわよ」

圭太「だって〜　試験のときには時間がないから、考えているひまなんかないし、□の中に数字を入れて計算するだけのこのテンビン法には、ずいぶん助けられているんだぜ」

理恵「そういうこと言うから、よけいに疑いたくなっちゃうのよ」

母「とりあえず、どんな方法か聞いてみましょうよ」

圭太「僕の聞いたテンビン法は、こういう図だったよ」

食塩水テンビン法

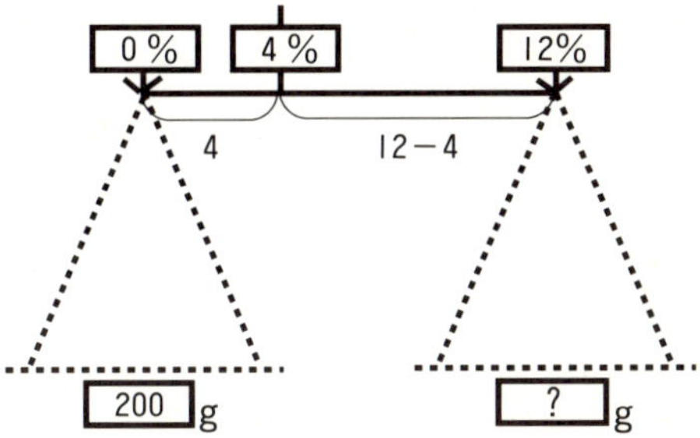

理恵「□の中に数字が入っているけど、どこに答があるの？」

圭太「少しは計算してよ～」

理恵「少しだけなら許してあげよう」

圭太「上図のように、テンビンの式通りに計算するのさ」

食塩水テンビン法の式

200g × 4 ＝□× （12－ 4）

理恵「式はできたけど、答がないね」

圭太「少しは計算してよ～」

理恵「そればっかり言ってるじゃん」

母「喧嘩してないで、さっさと計算してよ」

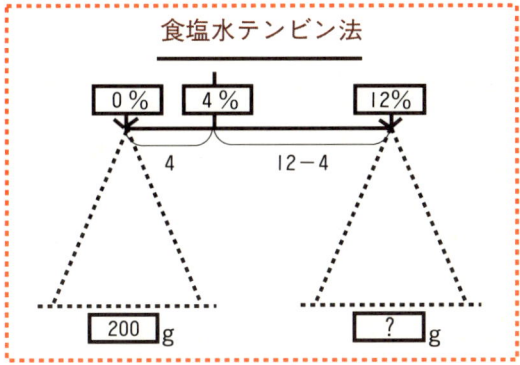

理恵「ハイハ～イ」

圭太「ほうらみろ、叱られちゃった。黙って計算しろよ」

計算

800ｇ＝□×８

800ｇ÷８＝□

□＝100ｇ

答　100グラム

問題の答え

理恵「ほら、これでいいでしょ。簡単なもんさ」

圭太「アッ！　言った言った、簡単って言ったぞ」

理恵「そういえばそうね。なんだか食塩水問題が好きになりそうだわ。でも、割合が正しく理解できないんじゃな～い、この方法では」

母「いや、そうでもなさそうよ」

理恵「どうして～？」

母「それじゃ、理恵ちゃんの解き方を教えてくれる？」

理恵「うん、いいわよ」

理恵ちゃんの絵ん分図

(1)
- 真水 200g
- 食塩水 ?g
- 塩100%
- 塩12%

(2)
- 真水 200g
- 食塩水 ?g
- 塩100%
- 塩12%−4
- 塩4%

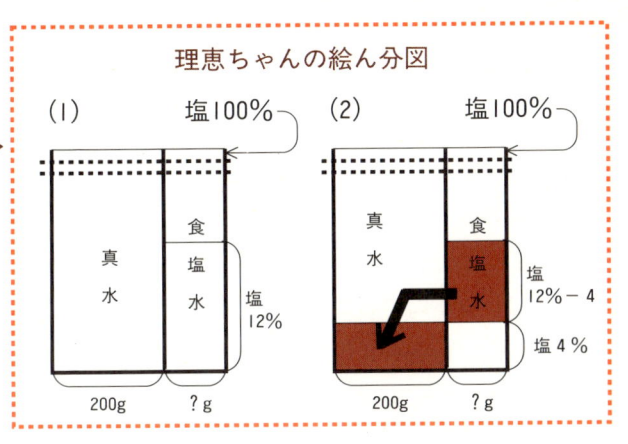

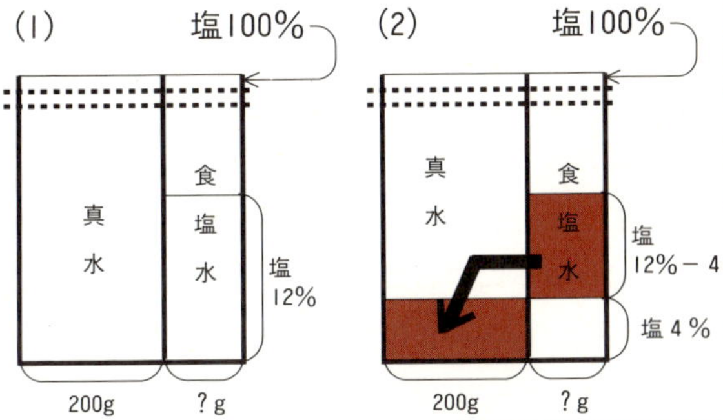

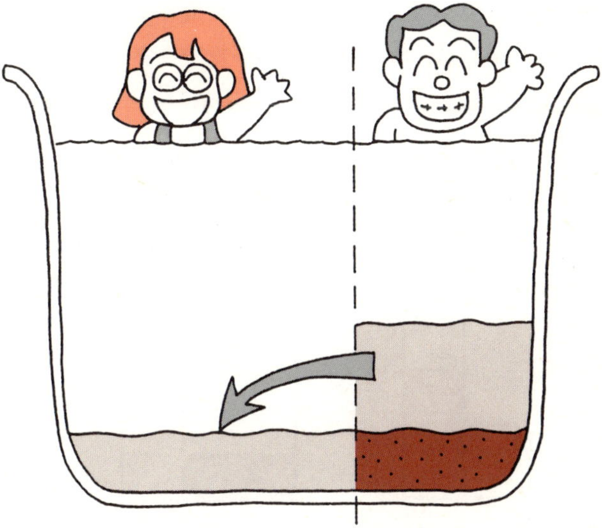

母「分かりやすそうな図だこと」
理恵「⑴の図は、問題を図にしたのよ」
母「⑵もそうでしょ？」
理恵「そうだけど、少し解説の必要な動きがあるのよ」
母「そうみたいね」
理恵「真水を４％の食塩水にするために必要な塩を、12％の食塩水から送るんだけど、それは12％から４％を引いた８％の塩で、まかなわなければいけないわけ」

圭太「な〜るほど、だから斜線部分に矢印がつけてあるのか」
理恵「そして、真水200gを４％の食塩水にするためには、何ｇの塩が必要になるかって考えると……」

200gの真水を４％にするのに必要な塩

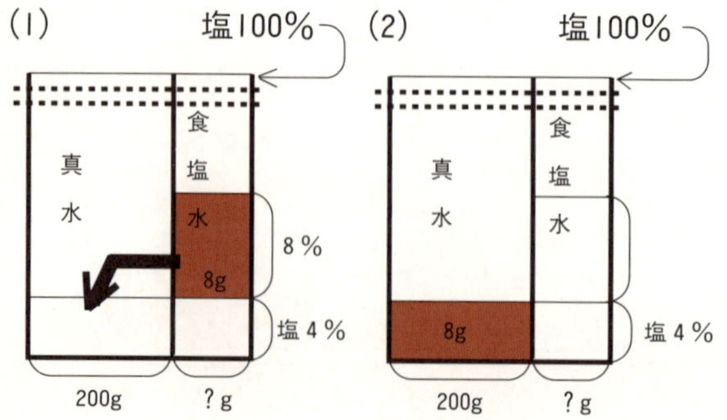

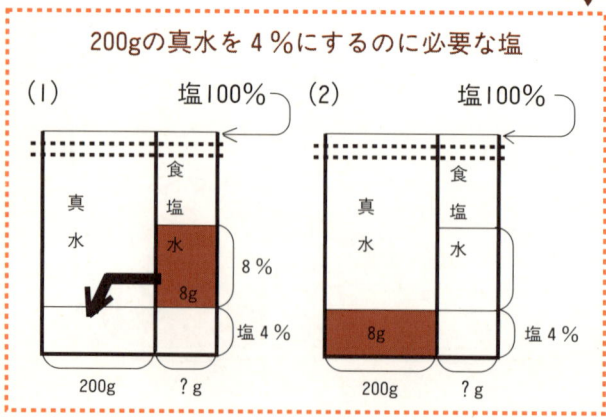

理恵「⑵から考えると、《200g×0.04＝８g》の塩が必要になるわね」

圭太「でも、この食塩水は12％だぜ」

理恵「だから、その８％に当たるところが８gの場合は〈比の第３用法〉の式を利用していいわけよ」

８gが８％に当たる食塩水の量

８g÷（0.12－0.04）＝100g

圭太「な～るほど！　よく分かったけど、ずいぶん時間がかかり過ぎるような気がするな～」

理恵「でも、圭太君の式には、私の式のように納得のいく説明が足りないじゃん」

母「おもしろいことを発見したわよ。２人の式は、説明は違うけど、同じ式になってるわ」

◀ 問題の答え

２人の式の比較

圭太の式

① 200ｇ×４＝□×（12－４）

② 800ｇ＝８×□

③ 800ｇ÷８＝100ｇ

④ □＝100ｇ

理恵の式

① 200ｇ×0.04＝８ｇ

② ８ｇ÷0.08＝100ｇ

理恵「４％、８％の表し方が違うけど、よく似ているわね」

圭太「ほうらね、同じだろ～。そうしたら速くって考えなくてもいい方がいいじゃん」

母「両方とも覚えておけば～」

今日は全品16パーセント引き

ママは大売出しが大好きネ

問題

母「ア～アッ　疲れた」

美奈「あのスーパー広いからね～」

母「そう言えば、今日はキャッシュバックで、512円も得しちゃったわ」

美奈「な～に、そのキャッシュバックって」

母「今日は何割引きとかの日だから、いったん定価で代金を払ってから、今日の割引金額を返してくれるのよ」

美奈「それで、いくら返金してくれたの」

母「たしか512円だったわよ」

美奈「それは何割引きだったの」

母「今日は、16パーセント引きなんだって」

問題

上の会話の中の金額で、いったん払った金額は何円だったでしょうか。

一郎「そんなややこしいこと、できるわけないよ～」

美奈「その逆でしょ。こんな簡単な問題、この式で決まりよ」

512円÷0.16＝定価

一郎「なんだか知らないけれど、出された数字を適当につなぎ合わせて、式を作ったんじゃないの」

美奈「まぁ失礼ね。ちゃんとした理由はあるんですからね」

母「喧嘩はあとにして、まず定価を先に出してちょうだいよ」

一郎「そうだそうだ。正しい答が出るのかが気になるよ」

美奈「見てらっしゃい」

512円÷0.16＝3200円

答　定価は3200円

美奈「ほら、すぐ出たわよ。3200円が定価なのよ」

母「そうそう、そうだったわ。3200円のうち512円を返してくれたのよ」

美奈「ほうらね、正解でしょ」

一郎「僕が言いたいのは、結果よりも、なんでこの式が正しいと言えるのか、ということさ」

美奈「それじゃ、まず線分図から見てもらいましょうか」

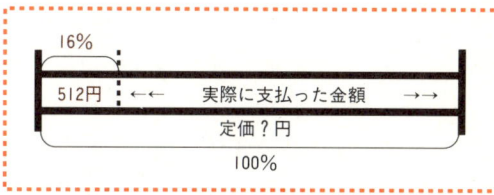

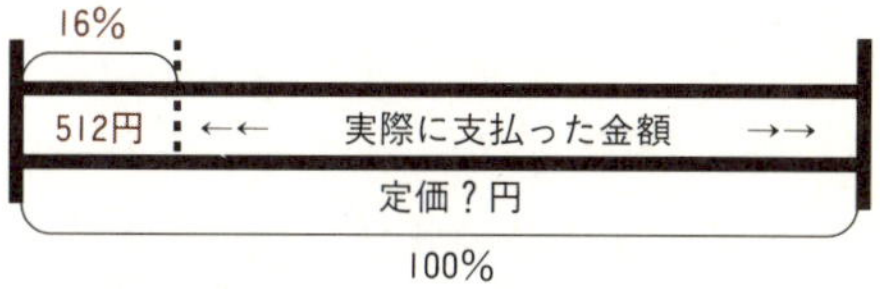

一郎「フムフム　たしかに、ただ聞いているだけよりも、こういう図を見た方が、想像力も湧いてくるな～」

母「実際に支払った金額をどうやって求めたらいいのかがよく分かるわね。割合というと、普通こういう式から始まるのよ」

512円の割合は

$$\text{《512円÷定価＝》}=\frac{512}{\text{定価}}=\frac{16}{100}$$

一郎「これこれ、これが正解なのさ。比の問題はこの式から始まるんだ」

比の第1用法

512円÷定価＝0.16←16%←1割6分

　　　　　　↑↑　　↑↑　　↑↑

　　　　　　割合　百分率　歩合

美奈「言いたいことは分かるけど、この式は［比の第１用法］といって、基本の式だわね」

一郎「そうだろう。僕の言うことが分かったかな」

美奈「でも、これから発展した［比の第２用法・第３用法］があってね」

母「そうそう、この式で定価と0.16とを置き換えれば、第３用法になるのよ」

一郎「エ〜ッ！　そんなに勝手に置き換えてもいいの？」

母「フフフ……勝手にしたんじゃなくって、移行のルールに沿って式を作るんだから、いいんじゃないの」

比の３用法

512円	÷	定価	=	0.16	←比の第１用法
比べる量		基準量		割合	割合を求める式
512円	÷	0.16	=	定価	←比の第３用法
比べる量		割合		基準量	定価を求める式
定価	×	0.16	=	512円	←比の第２用法
基準量		割合		比べる量	比べる量を求める式

美奈「どうお、イバリ屋さん！　あたしの方が格が上だわね」

母「格が上とか下とかの問題ではなくって、この３つの式を場合によって、使い分ければいいだけでしょ」

一郎「参ったナ～こんな式があるとは、ぜ～んぜん知らなかった」

美奈「とくに、第３用法は覚えておけば役に立つ式なのよ」

一郎「なんで？」

美奈「割引金額を、割引率で割ったら、定価が分かるのよ。大安売りの日なんかには、とっても便利なのよ」

母「ほ～んと！　学問って便利なもんね～。主婦って特売品を探しているときでも、こういうことを計算しながら行動しているのよ」

一郎「とてもそんなに計算しているとは思えない買い方に見えるけどな～」

図で確認しなきゃ分からない

リボンの長さは何センチ

問題

母が、長さ175センチのリボンを買ってきて、勇樹君と留美ちゃんの3人で分けました。まず、勇樹君が自分の欲しいだけ切り取りました。次に、母が勇樹君の2倍の長さよりも5センチ長く切り取りました。留美ちゃんは残り全部もらったのですが、それは勇樹君の長さの3倍より10センチ短かったそうです。では、3人のリボンの長さは、それぞれ何センチですか。

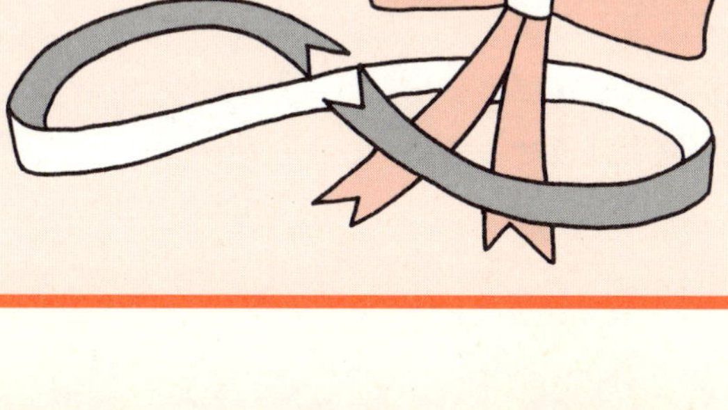

勇樹「エ〜ッ！　僕が一番短いの〜　まぁいいけど〜、リボンはあまり使わないからな〜」

留美「明日から、新しいリボンを学校に着けていけるわ」

母「でも、こんなにややっこしいのを、どうやって解くの」

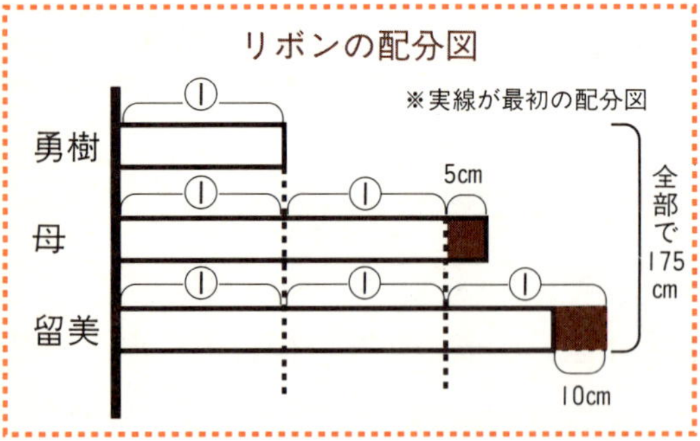

留美「やっぱり〈線分図〉に限るわ」

勇樹「限るわって言われても、これどうするの？」

母「とにかく、手がかりは5センチと10センチと175センチなんだから、そこから考えましょうよ」

勇樹「そうなんだよな〜　5センチと10センチが邪魔なんだよな〜」

留美「邪魔者は殺せって言うじゃない」

勇樹「こわいこと言うけど、鋭いこと言うじゃん」

母「さっそく、5センチを取り除きましょうよ」

勇樹「ちょっと待って。ただ、5センチを取るだけ取ればいいっていうもんじゃないでしょう」

留美「じゃ、こうしたらどうお」

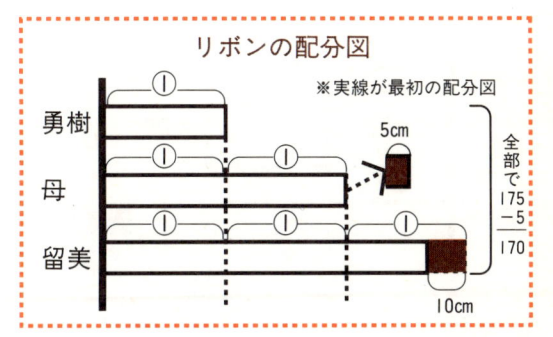

リボンの配分図

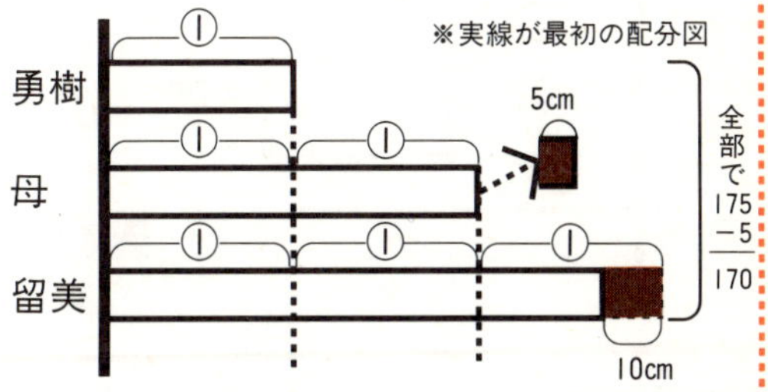

母「うまいうまい！　5センチを取る代わりに、全体の長さからも5センチを取っちゃったのね」

留美「イッヒッヒ　うまくやったわ」

勇樹「でもさ～　実際にある5センチのリボンを取ることはできても、ない10センチのリボンを取ることはできないでしょうが」

母「引いてだめなら、足してみなって言うじゃない」

勇樹「言わない、言わない」

母「だからさ～　10センチを、取れなかったら足してみたらいいってこと」

勇樹「図に描いてよ」

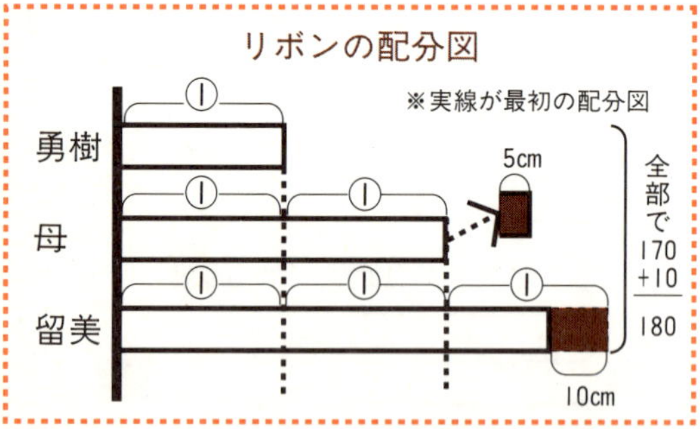

留美「ワ～、すごいわ～　①が勇樹君の長さだし、その6倍が180センチということが、見ただけで分かるわ」

勇樹「僕にもハッキリ、スッキリ分かったぜ。お母さんって、本当は頭がいいんだね～」

母「お世辞はいいから、早く計算して」

勇樹「180センチは、①の6個分だから……」

式と解答

(1)の勇樹君のリボンの長さ

(175－5＋10)÷(1＋2＋3)＝30センチ

答　30センチ

(2)母のリボンの長さは①が2個と5センチ

30×2＋5＝65センチ

答　65センチ

(3)留美ちゃんのリボンの長さは

①が3個と－10センチ

30×3－10＝80センチ

答　80センチ

5章

ニュートンが大喜び！アラカルト

私の名前が数百年後、日本で、算数の解法に使われたことに感謝する。

ニュートン
Sir Isaac Newton（1642-1727）
重力の法則の発見、反射望遠鏡の発明など多岐にわたり活躍。イギリス最大の科学者として王立協会会長就任、学者初のナイトの称号を受ける。

子供たちの悩みのタネはこれ

親の権威はニュートン算で

問題

山田さんちのアキラ君とエミリちゃんの貯金額はいま同額です。2人とも、毎月同額のお小遣いをもらいます。

アキラ君が毎月2000円ずつ使ったところ、3カ月後には貯金もお小遣いもすべて使い果たしてしまいました。

エミリちゃんは、毎月1800円ずつ使ったのですが、5カ月後にはお小遣いも貯金も全部ゼロになりました。

最初の１人分の〈貯金額と小遣いの月額〉を求めなさい。

健治「何にもヒントはないの？」

貴美「そんなものないわよ。全部自己責任よ」

母「問題の中から、分かることぐらいはあるわよ」

健治「どこに、どこに……」

母「２人はそれぞれ、何カ月間にいくら使ったのか、ということね」

貴美「だからさ～、アキラは３カ月間でいくら使ったの？」

健治「エ～トットット、１カ月に2000円使ったのだから、《2000円×３カ月＝6000円》３カ月では、6000円になるね」

貴美「エミリは《1800円×５カ月＝9000円》だから、５カ月間で9000円になるわ」

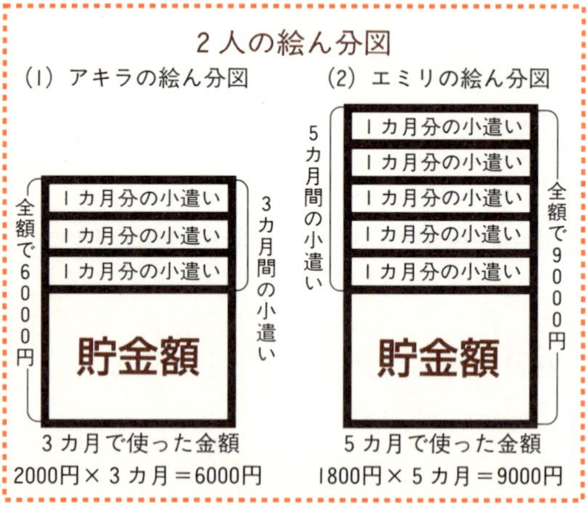

母「さ～　健ちゃんの待望の絵ん分図が出たわよ」

貴美「使った方は分かったけど、今度はもらった方の差を発見しなければ」

健治「この２つの絵を見てみると、エミリの方が２カ月分余計にもらっているぜ」

母「そうそう。で、その金額はいくらなの」

貴美「１カ月分の小遣いは２人とも同額なんだから、すぐ分かるわ」

健治「なんで、そんなことが分かるのさ」

貴美「だって、貯金額は同じだし、３カ月間のお小遣いも同額だし、違いは〈2カ月間のお小遣い〉だけじゃない」

健治「アッそうだな～　でもお小遣いの金額は書いていないじゃない」

貴美「そんなことは、２人の使った金額の差で分かるわよ」

２カ月分の小遣い金額

1800円×５－2000円×３＝3000円

▲エミリが使った金額　▲アキラが使った金額　▲２カ月分の小遣い金額

健治「ヤッタ～　これで解けたぜ」

貴美「まだ早いわよ。求められているのは〈貯金額と小遣いの月額〉なのよ」

健治「どうする？」

貴美「お小遣いの２カ月分が3000円だということはもう分かったんだから、１カ月分は２で割ればいいでしょ」

1人・1カ月のお小遣い金額

3000円÷２＝1500円

答　1500円

健治「あとは１人分の貯金額だね」

貴美「さあ、どうしよう」

健治「今度はまかしといて～」

貴美「アキラとエミリのどちらの図で解くの？」

健治「金額が少ない方が簡単だから、アキラの方で解こうよ」

貴美「そうね、３カ月で使った金額が6000円なんだから」

健治「その6000円から、小遣いの３カ月分を引けばいいんだろう」

1人の最初の貯金額

6000円－1500円×３カ月＝1500円

答　1500円

分数って役に立つね

大工の熊さん
仕事の量は

問題

熊さんが1人では4日、喜多さん1人では6日かかる仕事があります。

2人が共同で働くと、この仕事は何日で終わりますか。

熊「おれ１人でやるよりも、喜多さんと２人でやれば早く済むと思うけど」

喜多「ありがて～　やらしてくれるかい」

熊「ほかにもあるから、この仕事が何日で終わるか、予定を立ててくれないかい」

喜多「まっかしてちょうだい。子供の頃、算数はできたから」

熊「そりゃありがたい。ところで何日かかるんだい」

喜多「そうさな～　まず、線分図を描いてみようか……」

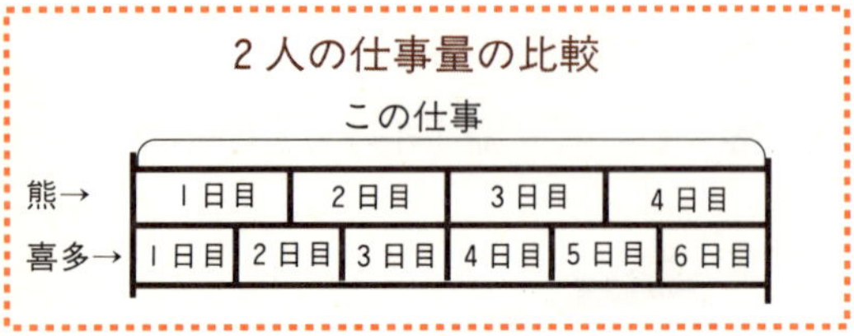

熊「いやいや　図にしてみるとよく分かるもんだね」

喜多「私も図にしてみて、熊さんの力には脱帽させられるよ。次に１日の仕事量を分数にするとこうなるね」

1日の仕事量を分数で表す

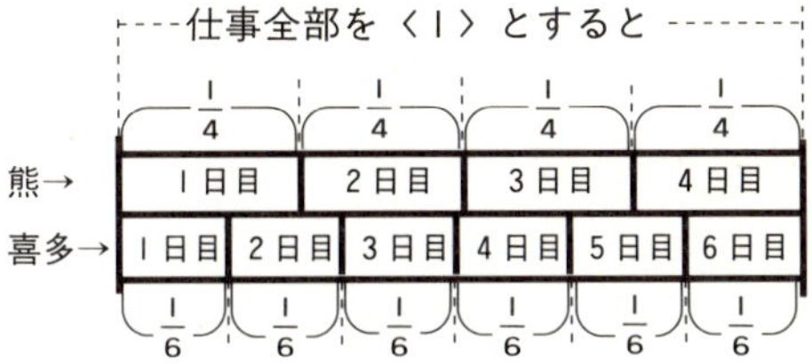

熊「たいしたもんだね。喜多さんを見直しちゃったぜ。これを見れば、何でも分かっちゃうね」

喜多「これを見ると、私の方が恥ずかしい。でも、こんなことを言っていてもしょうがないね。だから、2人で一緒に仕事をするってことは、1日分だけを考えると、そりゃ足し算以外にはないんだから、こうなるね」

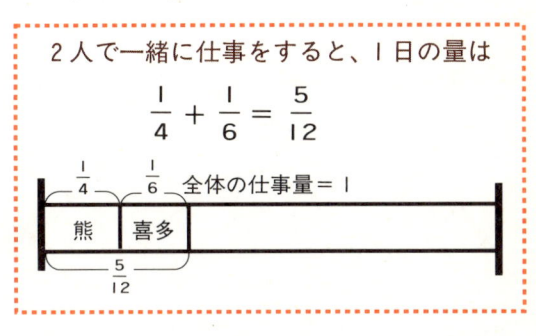

2人で一緒に仕事をすると、1日の量は

$$\frac{1}{4}+\frac{1}{6}=\frac{5}{12}$$

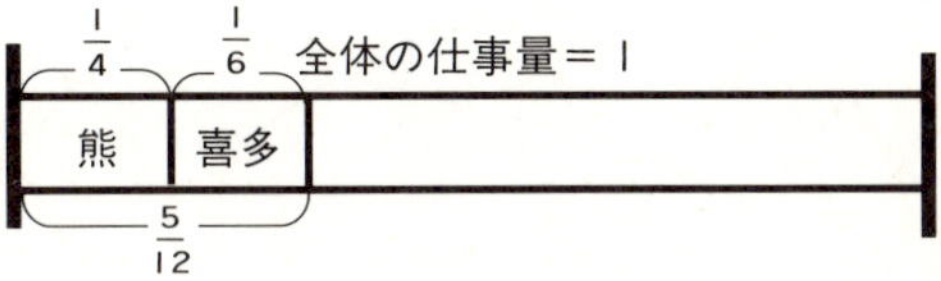

熊「２人なら、全体の〈12分の５〉の仕事ができるって～わけだ。て～したもんだ」

喜多「１日で、仕事全部の半分近くができるんだから、協力すれば早いもんだね」

熊「結局は何日で完了するかね～」

喜多「全体が〈１〉だから～っと……こうなるね」

仕事は何日かかるか

$$1 \div \frac{5}{12} = 1 \times \frac{12}{5} = 2.4日$$

答　2.4日で終了

熊「いや～助かったね～　この分では、少し残業をすれば、２日で完了すると思うが、どうかね」

喜多「そうすりゃ、次の仕事に早くかかれるしね」

でも面積は変わらない

形を変える魔法の橋

問題

下図のように、川幅が一定の用水路があり、そこには橋が架けてあります。しかし、老朽化して危険になったので、すぐ近くに橋を新設することになりました。

しかし、それにはいくつかの条件がありました。

① 橋の面積が同じでなければならない。

② 橋の幅を最大限大きくする。

さて、あなたならどういう橋を架けますか。

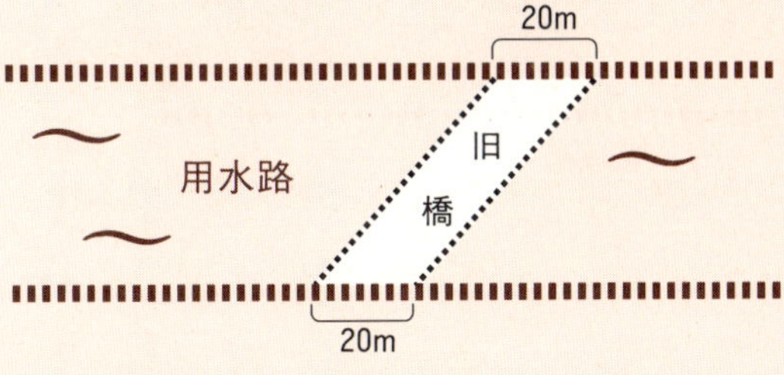

悟「そんなことを言われたって、川の幅が分からなければ、面積は求められないよ」

治「面積を求めなくても、同じだったらいいんでしょ」

悟「そんなことできるの？」

治「できるけど、順序としては橋の幅について考えることから始めてみようか。図の、幅が20mというのは入口の幅ではあっても、橋の幅じゃないよね」

悟「うん、それは分かるけど」

章「橋の幅といえば、橋の欄干にだいたい90度の角度の幅のことと言えるよね」

治「だからこの図でいえば、橋の欄干が川の縁にだいたい90度になるように、橋を架ければいいんだね」

悟「なるほど、そうすれば橋の幅が最大になるのか～」

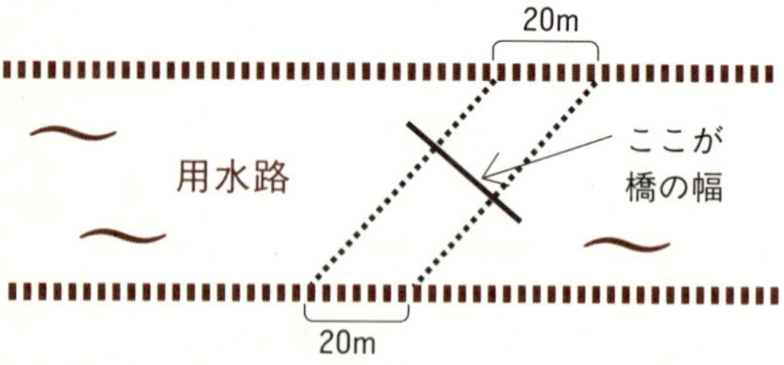

俊「これまでの話で、橋は川の流れに真横に架ければいいということは分かったけど、①の同じ面積にしろってのが分からないな～」

悟「そう思うだろう。橋の入口が20mというだけで、どうして同じ面積の図形が描けるんだろう」

彦「ウヒウヒ……こういうのは得意なのよ」

治「おもしろいね。とにかく聞いてみようか」

彦「これは橋の石畳を剝がして、それがピッタシ当てはまるような橋を架ければいいのよ」

章「あなた何屋さん？」

彦「エッあたし？　大工やってんだけど」

章「あのね～　これは算数の問題なのよ」

彦「こりゃまた失礼……」

俊「さあ、気を取り直して、同一面積問題を考えようよ」

悟「そうなんだけど、どこから手をつければいいのか……」

治「それじゃ～ヒントを１つ。三角形の面積を利用するのさ」

悟「ウッソ～！　この橋は平行四辺形じゃない」

治「だから、下図のようになんとかして三角形を作っちゃうんだよ」

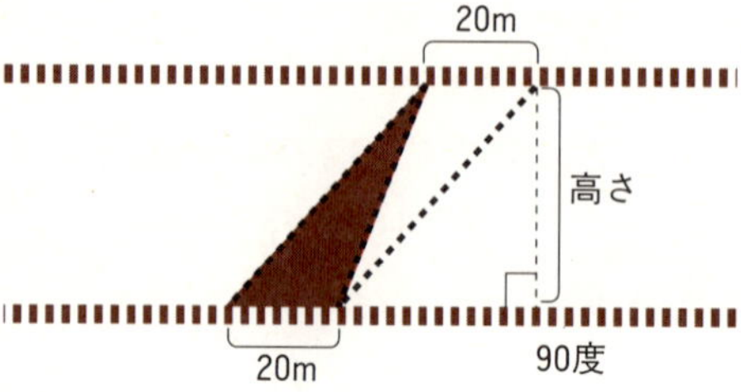

悟「ワ～ッ！　びっくりした。そんな勝手なことをしてもいいの？」

治「だって、いまは面積の話をするんだろ」

悟「うん、そうだけど」

治「これで２個の三角形ができたね」

章「それで、川幅を２個の三角形の高さにしたんだな」

俊「なるほどね～　いま見えている三角形の高さは、２個とも同じ数値になるんだ」

治「ということは、三角形の面積は

《底辺×高さ÷２》だから

底辺の20ｍさえ同じなら、川の向こう岸にある頂点は、どこになっても面積は同じってことになるじゃん」

章「そういうことか～　なんか分かったような気がするよ」

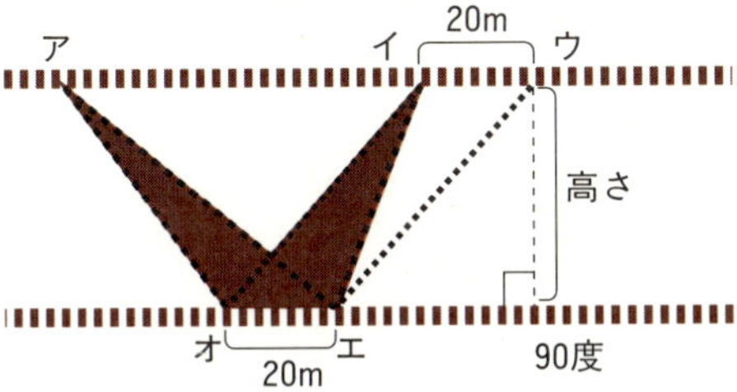

治「ということだから、頂点アの三角形と頂点イ・エの三角形とは、面積がすべて同じことになるのさ」

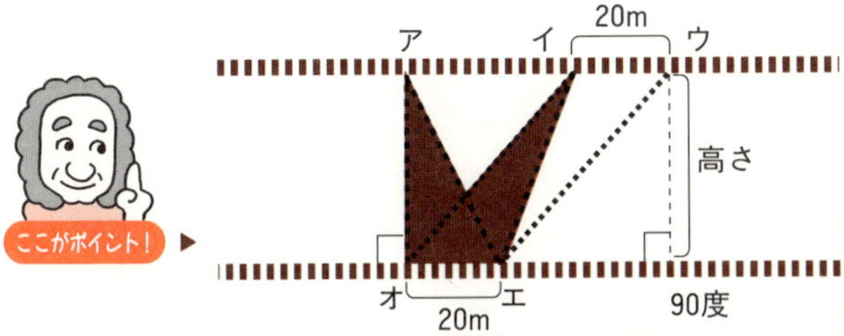

章「面白〜いッ！　そんなことは知ってはいたけど、ここで使えるとはね〜」

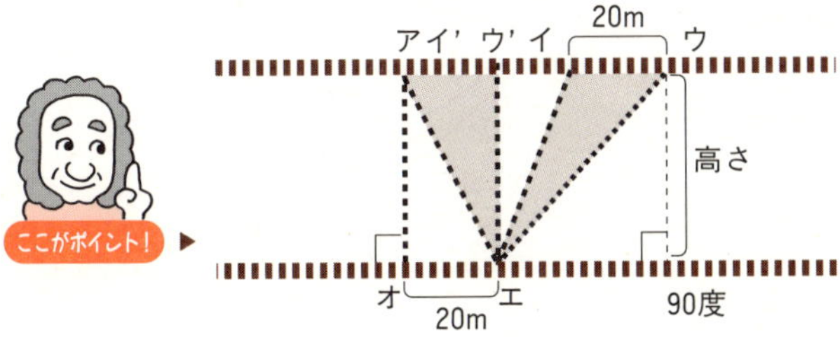

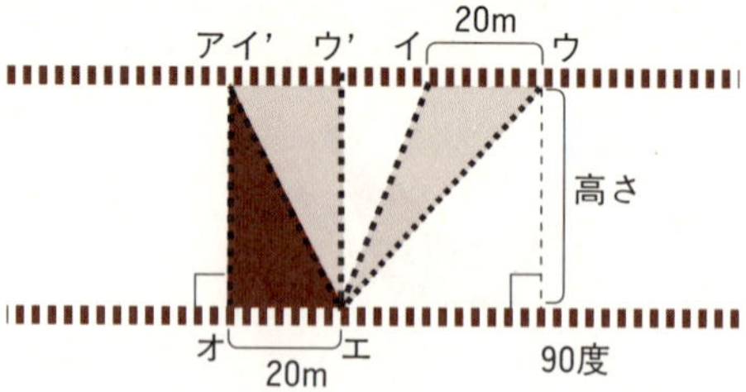

治「次に、エを頂点とする三角形イウエの底辺イウの長さ20mを変えずに、イをアの点につけるわけ」

悟「そうすると、上図の橋アウ'エオになるわけか～」

章「ナ～ルヘソッ、お見事だね！　これで〈面積を変えずに、橋の幅を最大の20m〉にできたんだ」

俊「しかも、橋を渡る距離と時間が、一番少なくて済むしね」

仕事量の考え方

みんな 公平に運転しよう

問題

3台の車に4人が分乗して運転して行くことになりました。出発点から目的地までは、100キロの道のりです。4人の運転する距離が、みんな同じになるようにするためには、1人が何キロ運転すればいいでしょうか。

さやか「ややっこしいことを聞いてくるな～一番いいのは、疲れたら交代するって方法だわね」

ひろし「それは現実論であって、いま問われているのは算数の問題なのさ」

さやか「ちょっと冗談言っただけよ。私って視覚人間なのかな～、何か絵を見ないと思考力が働かないのよ」

ひろし「それじゃ、最初の絵ん分図をどうぞ」

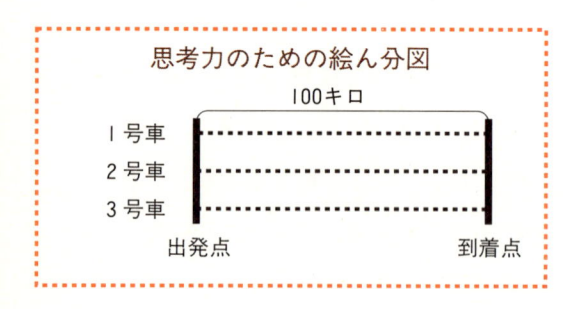

思考力のための絵ん分図

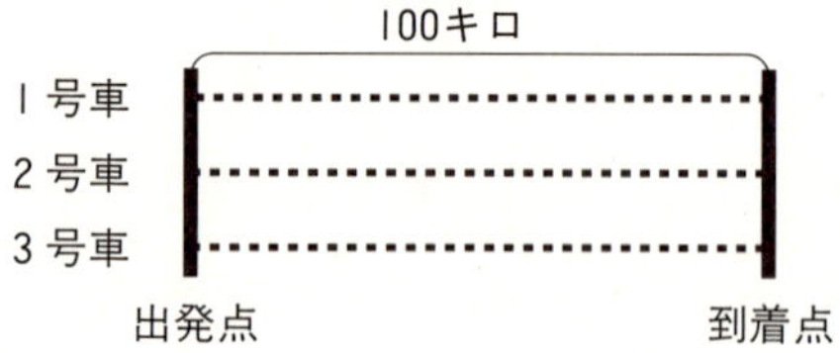

さやか「だいたい、3台に4人が乗るからややこしいのよ」

ひろし「ヤ～イヤイ　解けないもんだから文句ばっかり言って」

さやか「見てらっしゃい。だんだんと思考力が湧いてきたわ。3台を4人が分け合って乗るのだから、これは分数の問題だわよ」

ひろし「エ～ッ！　これが分数なの～？」

さやか「だってそうじゃない。この図で分かるでしょうが」

4人で3台に乗る方法

ひろし「なるほど〈4分の3〉っていうわけだ。でもそれだけじゃ答にはならないぜ」

さやか「あとは上の図から式を作ってよ」

ひろし「分かった。この図から、1人の運転する距離が出せればいいんだな」

1人が運転する距離

100キロ×3÷4＝75キロ

答　75キロ

ゴール

数が合わないぞ

父の子 母の子

問題

ワン太君の家族は、遊園地に出かけました。その日は創立記念日なので、入園料は無料でしたが、入口ではいちおう人数を聞かれました。

係員「お父さんのお子さんは何匹ですか」
父ワン「私の子は8匹です」
係員「お母さんのお子さんは何匹ですか」
母ワン「私の子は5匹です」
係員「それじゃ～　お子様への無料ジュース券を13枚、差し上げます」
父母「いやいや、そんなにいりませんよ」
係員「皆さんに差し上げていますので、どうぞご遠慮なく」
父母「子供たちは全部で10匹ですから、10枚で十分です」
係員「エ〜ッ　だってさっき8匹と5匹って……」
父母「そうですよ」

さて皆さんは、どういうことかお分かりでしょうか。

係員「恐れ入りますが、お子様のお名前を呼んで頂けますか」

父ワン「ポチ、コロ、ペス、ジョン、ジロ～、チ～コ、メリ～、ミミ、の８匹ですよ」

母ワン「ロック、コロ、ジロ～、メリ～、ダイアの５匹だわ」

係員「アレ～ッ　なんで同じ名前が両方にあるんですか」

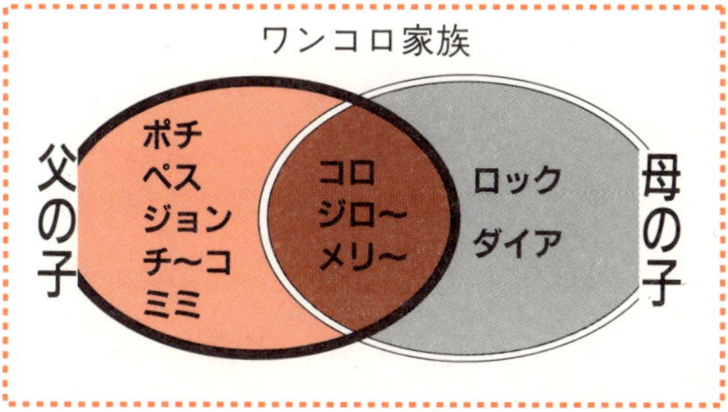

係員「円がダブっていて、真ん中の枠の中に入っているお名前は、２回聞いたような気がするのですが……」

父ワン「私たちは、バツ一夫婦ですから、再婚する以前の子供がそれぞれにいますので、こういう図になるんですよ」

母ワン「こんなに子供がおおぜいいたら、差別なんかしているひまはありませんからね～」

係員「な～るほど、それで人数に差があることが分かりました。本当の人数は10匹なんですね」

式と解答

8 ＋ 5 －10＝ 3 ……現在の父母の子供たち

4回まわせば、何回まわる？

回る歯車 大中小

問題

大中小3個の歯車があります。〈中〉の歯車の歯数は40で、この〈中〉が4回転すると、〈小〉の歯車は10回転します。

また、〈中〉が9回転したときには、〈大〉の歯車は4回転します。

では、〈大〉の歯車が10回転したときには、〈小〉の歯車は何回転していますか。

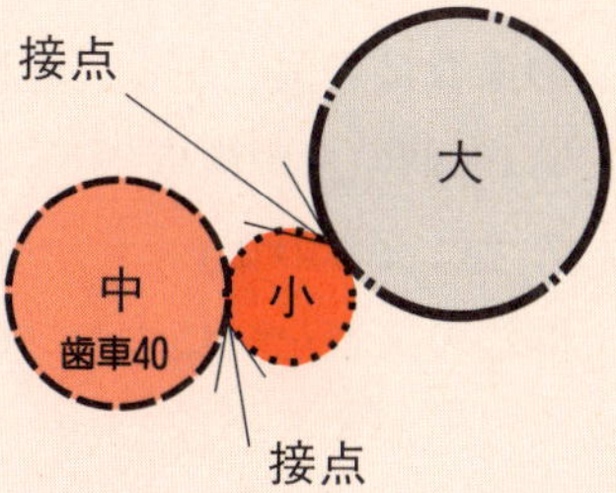

登「ア～ア　気が遠くなりそうだぜ～」

翠「なんで～」

登「だってさ～　何から始めればいいのか、
　さっぱり分かりません」

翠「こんなときは……」

登「アッ　そうか、例のあれね」

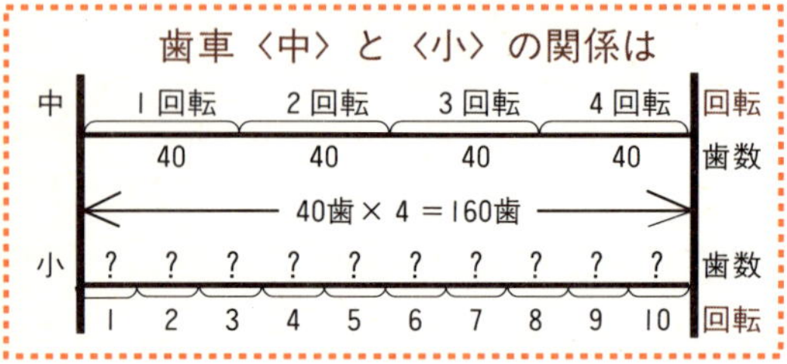

翠「そうそう、これだわよ。これさえあれば
　鬼に金棒さ」

登「そうそう、これどういう意味？」

翠「歯車〈中〉が４回転したら、歯車〈小〉
　が10回転したのさ」

登「ま～そうだね。それだけ？」

翠「歯車〈中〉の歯数は40個だから、それが
　４回まわったら160個の歯が歯車〈小〉との
　接点を通ったことになるのよ」

登「フムフム　問題の文章を図にするだけで、
　もう解けたような気がするぜ」

翠「感心ばかりしていないで、自分でも考えてよ」

登「うっしっし　バレたか。だからさ、歯車〈小〉の歯がその接点を160個通るために10回転したんだから、１回転は」

歯車〈小〉の歯数

160歯÷10回転＝16歯数／1回転

登「これでどうお。歯車〈小〉の歯数は16個で～す」

翠「ま～いっか。許してやろう」

登「ずいぶん威張ってるね～。それからどうするの？」

翠「こんどは、〈中〉と〈大〉の歯車の関係を図にするのよ」

登「ようし、こんどは自分で描いてみ～よおっと～」

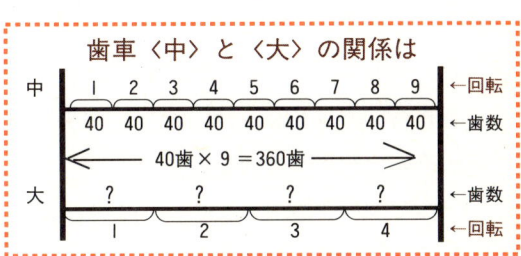

歯車〈中〉と〈大〉の関係は

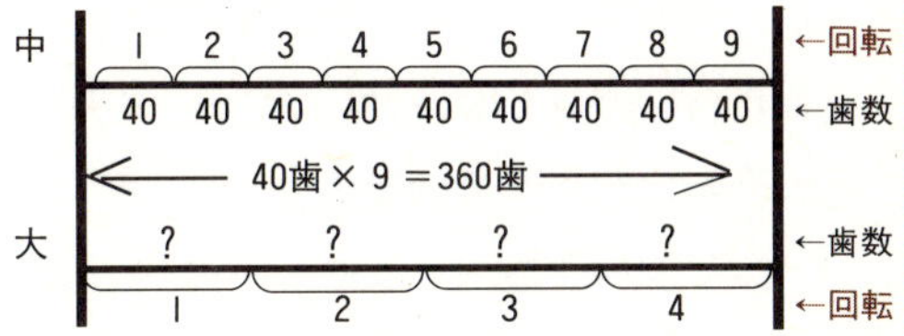

翠「お上手、おじょうず！よく分かるわ～」

登「どうだ～、これで歯車〈大〉の歯数が分かりそうだぜ」

翠「そうね、式はこれでどうお？」

歯車〈大〉の歯の数

40歯×9＝360歯

360歯÷4回転＝90歯／1回転

登「これで、歯車〈大〉の歯の数が90だということが分かったわけだぜ」

翠「これでこそ、もう解けたと言ってもいいくらいね」

登「どうしてそんなことが言えるのさ」

翠「だって、歯車の〈大〉〈中〉〈小〉とも全部の歯数が分かったんだから、あとはもう自由自在でしょ？」

登「そう、おだてないでよ。こんどは、そっちの番だよ」

翠「ウッシッシ～　こんどは逆に言われちゃったわね。それじゃ歯車〈大〉と〈小〉の関係を線分図にしてみましょ」

登「どんな関係をさ」

翠「問題で聞かれているじゃん。よく読んでよね」

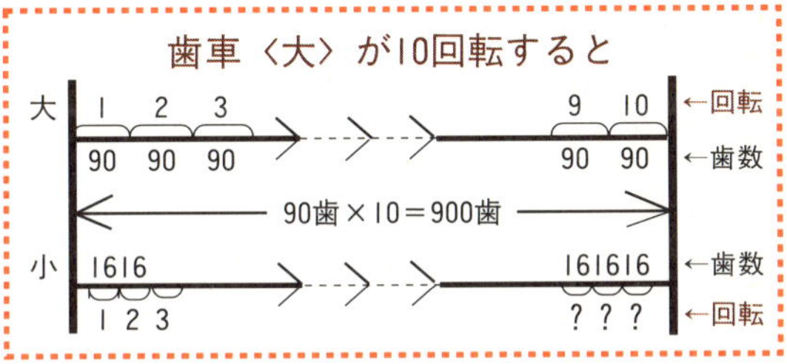

登「この線分図で肝心なことは、歯車〈大〉の歯が歯車〈小〉との接点を900個通ったということだね」

翠「それから歯車〈小〉の回転数が分かるわね」

歯車〈小〉は何回転

90歯×10回転＝900歯

900歯÷16歯＝$56\frac{1}{4}$回転

答　$56\frac{1}{4}$回転

十進数？五進数？二進数

コンピュータは何進数？

問題

いわゆるN進数は、学問的には存在していましたが、コンピュータが生まれるまでは、世間的にはマイナーな立場でした。しかし、コンピュータ全盛時代に突入した今、その計算方法を知ることは必須のことになったようです。

問題

⑴ 次の十進数を五進数で表しなさい。

29（十）＝□（五）

⑵ 次の十進数を二進数で表しなさい。

19（十）＝□（二）

進「十進数とか二進数とか言うけれど、十進数っていったい何のことなの？」

舞「十進数っていうのは、私たちがふつうに使っている数字とその使い方なのよ」

進「そう言われてもな〜」

舞「じゃ〜　十進箱の〈ロボ十〉君に教えてもらいましょうか。ロ〜ボ君〜ん！」

ロボ十「呼ばれりゃ飛び出るジャ〜ン！　ハ〜イ　何のご用？」

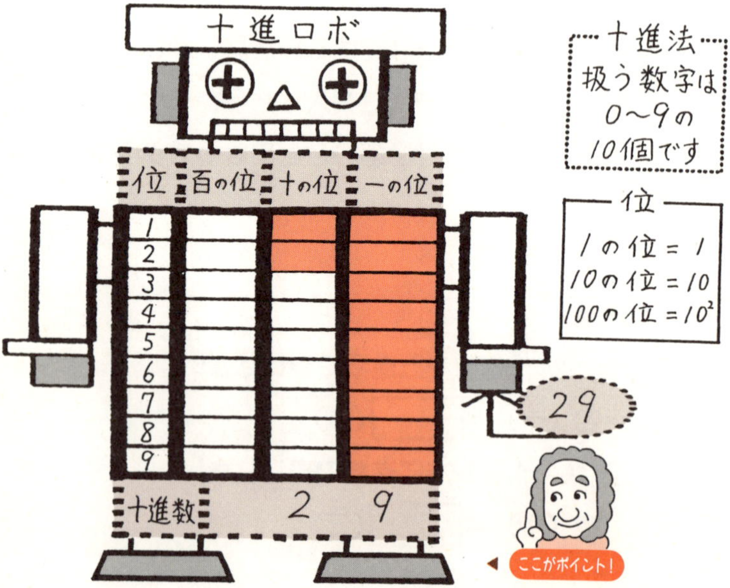

舞「進君がね、十進数が何なのか分からないんだって」

ロボ十「フ～ン　十進数だったら僕にまっかしといて～」

進「や～、こんにちわロボ十君。君の役目は？」

ロボ十「僕が扱う数字は０～９の10個で、手から入った数は、みんな十進数になって、下のポケットから出てくるのさ」

進「じゃ～、〈29〉を入れたらどうなるの？」

ロボ十「進君が言った数字は、十進数の数だから、こう考えるのさ。〈20〉は10が２個だから、胸の十の位の箱２個に赤色を入れて、〈９〉は１が９個あると考えて、一の位の箱９個に赤色を入れればいいのさ」

〈29＝20＋ 9〉

20＝10× 2←10の位が 2 個

9 ＝ 1 × 9 ← 1 の位が 9 個

舞「やったやった～　今までこんなふうには考えなかったわ」

進「でもさ～〈29〉を入れたら〈29〉が出ただけだぜ」

舞「ロボ君、あんなこと言ってるわよ～」

問題(1)　五進数のロボ五君登場！

ロボ十「フッフッフ　それじゃ～ロボ五君を紹介することにしましょう」

ロボ五「呼ばれりゃ飛び出るジャ～ン！　ハ～イ何のご用？」

進「みんな同じ返事をするの？」

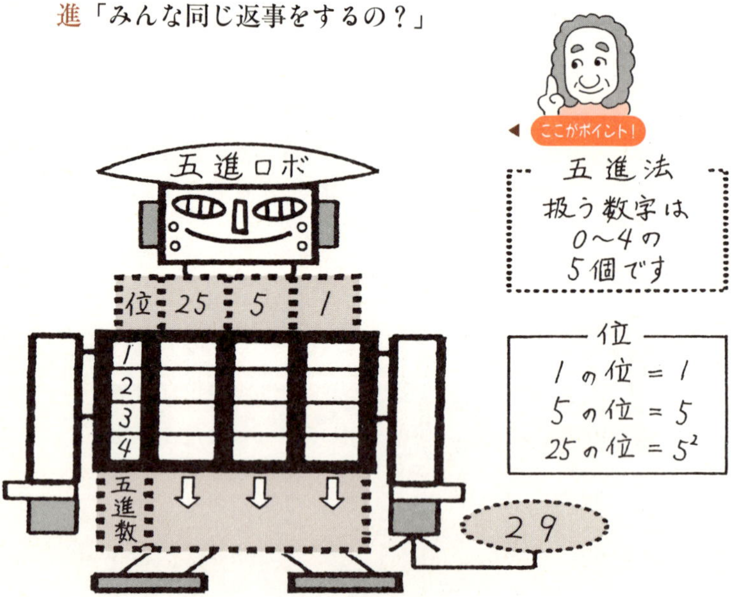

ロボ五「そりゃ～機械なんだから、そういうこともあるさ」

舞「でもさ、進君よりは礼儀正しい返事だわよ」

進「それより五進数はどうなってるの？」

ロボ五「僕は〈1の位〉は、みんなと同じなんだけど、その箱は4個しかないから、1が5個になると、次の〈5の位〉の箱に移るのさ」

舞「まるで、ソロバンみたいだわね」

ロボ五「そうなのさ。だからこんどは〈5の位〉の4個の箱が全部詰まってしまうと、ソロバンみたいに、次の〈25〉の位の1個になるわけさ」

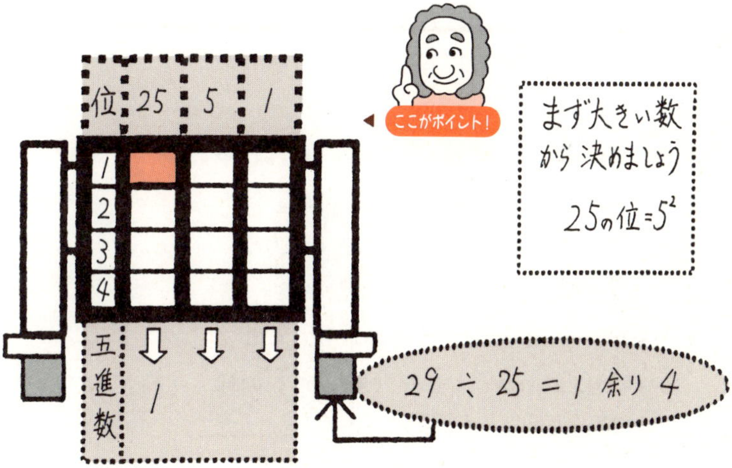

進「よし、それじゃ〈29〉を入れたらどうなるの？」

ロボ五「〈29〉を数の大きい方の箱から決めるのさ」

舞「5×5の25の箱から決めるのね」

ロボ五「そう、〈29〉の中に〈25〉が何個あるかなということを調べるのが、上の図の中の割り算の式なんだよ」

舞「〈25〉が1回分あったから、赤色が1箱に入ったのね」

進「余り4になったよ」

ロボ五「そうすると、25の位の箱1個に赤色を描いて、下の五進数の枠に〈1〉と記入するのさ」

進「十進数でいうと100の位の場所だぜ」

舞「でも、十進数以外のときは〈いち〉と言うのよ」

進「フ〜ン　よく知ってるね。それじゃアマリの〈4〉はどうするの？」

ロボ五「ふつう〈25の位〉の次は〈5の位〉なんだけど、余りは〈4〉だから、〈5の位〉には入れられないから、そこには赤色を描かないし、下の五進数の枠には〈0〉と記入するのさ」

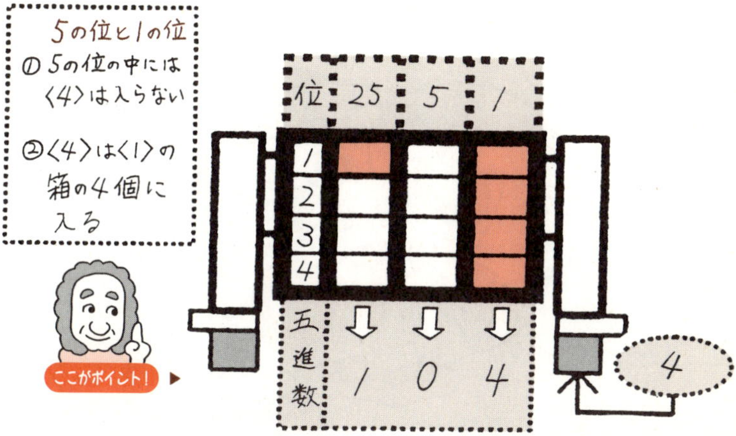

進「それじゃ、余りの〈4〉はどうするのさ」

舞「決まってるわよ。次の〈1の位〉の箱に入れるだけだわ」

進「そうしたら、下の五進数の枠に〈4〉が出てきたぜ」

ロボ五「だから、五進数の枠が〈104〉になって、これを、〈五進数104〉と言うのさ」

舞「この場合〈104〉は、〈ひゃくよん〉とは言わないで、〈いち・れい・よん〉と言うんだって」

進「それで〈29〉と〈104〉とは、どういう関係なの？」

じっしんロボ
10
ごしんロボ
5
にしんロボ
2

(1) の解答

読み方→［十進数29＝五進数１・０・４］

書き方→［29（十）＝104（五）］

ロボ五「これで僕の役目は終了したんだけど、計算で求める方法も、教えておくね」

(1) を式で求める方法

5) 29
5) 5余り　4
　　1余り　0

［29（十）＝104（五）］

問題(2)　二進数のロボ二君が登場

舞「五進数はよく分かったけれど、二進数はどうかな～」

進「今度は、だれを呼ぶんだよ」

舞「フッフッフ　もう分かった？」

進「さっきは〈ロボ五〉だったから、今度は〈ロボ二〉だろ」

舞「そうよ、ロ～ボ君～ん」

ロボ二「呼ばれて飛び出るジャジャ～ン！何のご用ですか～」

進「ロボットって、いつも同じ返事をするから、ロボの区別がつかないんだよな～。ところで、君は何をしに来たの？」

ロボ二「エ～ッ！　呼んでおいて、それはないよ～」

舞「ごめんね～　私が呼んだのよ。次の問題を教えてほしいの」

19（十）＝□（二）

ロボ二「僕は二進数を出すロボだから、まっかしておいて～」

二進法
扱う数字は
0と1の
2個です

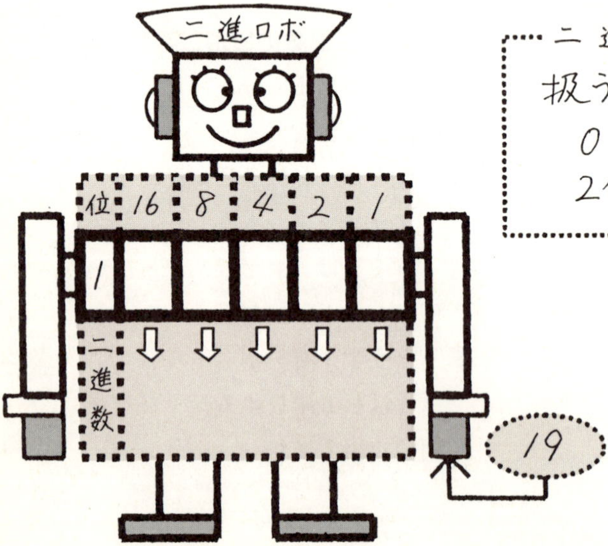

ロボ二「まず大きい数から決めるんだから、16の箱からだね」

舞「さっきのように、19を16で割るといいのよ」

16は何個あるか
19÷16＝1　余り3

進「これには、どういう意味があるのかな～？」

ロボ二「16の位の箱に入れられる数があるかどうか、を調べて、あれば入れるのさ」

舞「ほら、もう入っているわよ。見てごらん」

進「本当だ！　おもしろいな～。でも、いつもは割り算なのに、どうして今度

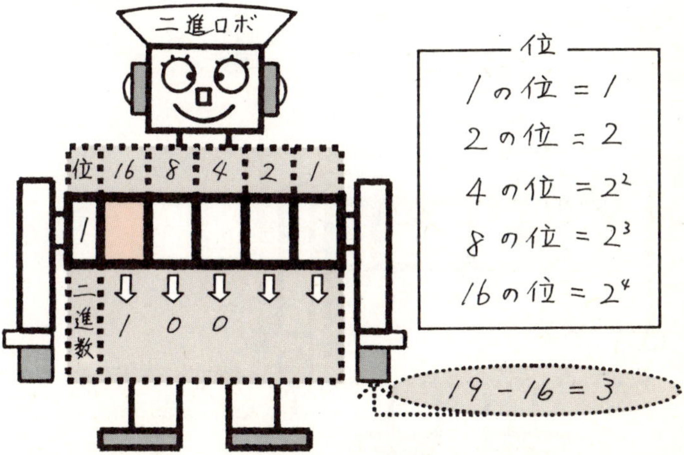

は引き算にしたの？」

ロボ二「僕は〈0と1〉という2個の数字しか使えないので、割り算で個数を調べる必要はないから、いつも引き算なのさ」

進「でもさ、次に大きい数の〈8の位〉の箱には、余りの〈3〉の数では入れないから、ここはパスして下の二進数のワクは、〈0〉になるんだね」

舞「それは〈4の位〉の箱も同じだわ」

ロボ二「余りは〈3〉だから、次は〈2〉の位の箱だね。その式は下記のようになるのさ」

3 − 2 = 1 ← 〈2の位〉の1箱に赤色
1 − 1 = 0 ← 〈1の位〉の1箱に赤色

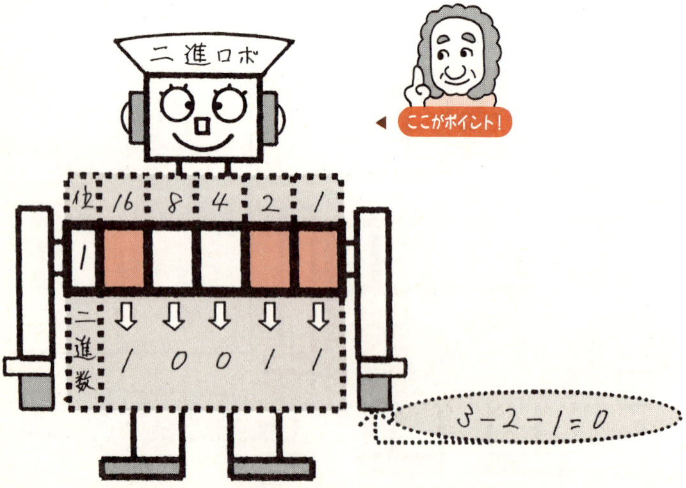

ロボ二「サ～　これで僕の役目はぜ～んぶ終わったようだね。ここで、チェックしておきましょう」

(2) の解答・・・・19（十）＝10011（二）

(2) を式で求める方法

2) 19
2) 9・・・1
2) 4・・・1
2) 2・・・0
1・・・0

答

19（十）＝10011（二）

算数力

算数ぎらいを治す線分図式攻略法

2000年3月30日　第1刷
2000年7月7日　第2刷

著　者——田　圭二郎

発行者——籠宮良治

発行所——太陽出版

〒113-0033 東京都文京区本郷4-1-14
TEL03(3814)0471　FAX03(3814)2366

アートディレクター＝山城　猛(スパイラル)
本文イラスト＝田口敏夫(スパイラル)
印字＝スパイラル
壮光舎印刷／井上製本

ISBN4-88469-195-4